老油田二次开发

概　论

胡文瑞　著

石油工业出版社

图书在版编目（CIP）数据

老油田二次开发概论 / 胡文瑞著．
北京：石油工业出版社，2011.1
ISBN 978-7-5021-8132-1

Ⅰ．老…
Ⅱ．胡…
Ⅲ．油田开发 – 概论
Ⅳ．TE34

中国版本图书馆 CIP 数据核字（2010）第 228081 号

出版发行：石油工业出版社
（北京安定门外安华里 2 区 1 号　100011）
网　　址：www.petropub.com.cn
发 行 部：（010）64523604
经　　销：全国新华书店
印　　刷：石油工业出版社印刷厂

2011 年 1 月第 1 版　2011 年 1 月第 1 次印刷
787×1092 毫米　开本：1/16　印张：10
字数：150 千字

定价：38.00 元
（如出现印装质量问题，我社发行部负责调换）

序

北邙学子[1]

偶读到东坡居人（注：本书作者）的《二次开发工程》一文，感觉立意清新、设计严谨、气势恢宏，我把它看作是新时期中石油高层向“剩余难采资源”宣战的动员令，实在可喜！可贺！

油田开发前期采出的都是较为容易开采的部分，而留在地下的会越来越难以开采，可把它们统称为“剩余难采资源”，其数量相当巨大，大约占到总储量的 80%左右。这其中有一部分是现行开发体系能够采出来的，但代价很大；绝大部分是现行开发体系所不能开采出来的，即文中提到的“不可采储量”。我理解二次开发工程既能更有效地采出原开发体系所预计可采出的那一部分，又能把原开发体系的“不可采储量”经济有效地采出一部分来，这是一幅宏伟蓝图。

“二次开发”一词，多年前首先由大庆油田提出，但当时的内容较为单一；“深度开发”是韩大匡院士在 1996 年全国油田开发工作会议的发言中阐述过的一个概念，也还没有把它系统化起来。东坡居人在这里提出的二次开发或深度开发，则是条理清晰，内涵丰富，有着完整的构思。

我理解，二次开发应是对现行开发体系全方位的大改造，包括大范围的注水开发油田、以吞吐方式开发的重油油田以及实施三次采油的地区等，都有二次开发的问题。因为通过重新构建油藏模型、重新组合井网和强化新的工程技术支撑系统，都会对原有的认识和做法带来新的冲击，都有助于提高这些地区的资源利用程度。

希望我国采油业的领导层，能抓住高油价运行的大好时机，全面推行二次开发工程，如是，则国家幸甚，企业幸甚，百姓幸甚！

---

[1] “北邙学子”为王乃举教授网名，为油气田开发资深专家，原中国石油天然气集团公司开发生产局局长。

中国石油二次开发是一项战略性的系统工程，是“油田开发史上的一场革命”[1]，是近期主要任务之一，其意义在于它的历史性、战略性、成长性，同时具有很强的现实性和可操作性。它的成功将产生一个“改变游戏规则”的“全新”局面。这一千秋事业也将是上游开发业务发展的永恒主题和难题。

❶ 蒋洁敏总经理在新疆油田“上传信息”上对老油田二次开发的批示。

前言

所谓老油田二次开发，是指当油田按照传统方式开发基本达到极限状态或已接近弃置的条件时，采用全新的理念，按照新“三重”技术路线，重新构建油田新的开发体系实施再开发，大幅度提高油田最终采收率，最大限度地获取地下油气资源，实现安全、环保、节能、高效开发。

简而言之，二次开发的对象是“老油田”，条件是“传统方式开发基本达到极限状态或已接近弃置”，理念是“全新的”并有区别于传统开发理念，中心工作是“重新构建油田新的开发体系”，目的是“大幅度提高油田最终采收率”，最大限度地获取地下油气资源，其效果体现在“安全、环保、节能、高效开发”上。其思路也可以扩展到老气田上。老油田二次开发的根本性宗旨是“科技油田、绿色油田、和谐油田”。

中国石油近年开展的“重大开发试验”、技术“示范工程”和辽河、吉林、克拉玛依、玉门等油田“二次开发试点”初步成果表明：二次开发可以在老油田分批次逐步推广，虽然有其难度，但不失为老油田再生的一条全新的出路；二次开发可以创造可观的经济效益，初步研究表明，中国石油二次开发一期工程预计增加可采储量 9.1×10^{8}t，即 71.54×10^{8}bbl，按油价 80 美元 /bbl 计算，可实现产值 41608 亿元，按照 2006 年的纳税方法计算，可为国家创造税收 18376 亿元。

中国石油老油田二次开发是一项战略性的系统工程，是“油田开发史上的一场革命”，是近期主要任务之一，其意义在于它的历史性、战略性、成长性，同时具有很强的现实性和可操作性。它的成功将产生一个“改变游戏规则”的“全新”局面。这一千秋事业也将是上游开发业务发展的永恒主题和难题。

目　录

第一篇　理论观点

第二篇　专　论

第一篇　理论观点

老油田二次开发的溯源及背景

中国石油天然气集团公司（简称中国石油）蒋洁敏总经理2006年10月9日明确提出：要“重视老油田开发和潜力挖掘”。2007年3月11日至6月23日，先后15次讲话和批示，对二次开发从战略高度明确了工作方向，从战术角度提出了具体的工作目标、技术要求和保证措施。

中国石油勘探与生产分公司，结合油田实际，认真分析了老油田开发现状，科学地研究了老油田二次开发的界定条件、目标设置、技术路线、主要措施及经济效益预测等，在此基础上制定了《中国石油“二次开发”规划》大纲，并经管理层审定。中国石油勘探开发研究院编制了《新二次采油工作设想》，从理论、技术和国内外实例全面论述了二次开发的可行性、实践性。

溯源中国石油老油田二次开发，1992年大庆油田实施的规模宏大的“稳油控水”工程，接近二次开发的基本性质。1995年大庆油田实施“三次加密”工程，据王乃举教授讲，当时曾提出过“二次开发”一词。1996年韩大匡院士在全国油田开发工作会议的发言中，也曾阐述过“深度开发”这一概念，而且有比较系统的论述。

2003年玉门油田曾明确提出老油田实施“二次开发”的可能性。老君庙油田发现于1939年，已有近70年的开发历史，累计采油2146.6×10^4t，可采储量采出程度已达89%，标定采收率45.9%，综合含水77%左右，33年基本变化不大，连续36年平均递减仅1.2%，2007年原油产量18.8×10^4t，预计在现有井网和技术条件下采收率可以达到50%以上。遗憾的是，玉门油田具有二次开发性质的做法，当时未能引起人们足够的重视。

2004年勘探与生产分公司实施的“十大开发试验”，其性质是重大科技攻关，目的是解决老油田在“双高”条件下如何提高采收率，未动用难采储量、致密砂岩油气田如何有效开发，稠油油田高轮次吞吐后如何继续开发等问题。其内涵有“二次开发”的意图，也有“深度开发”的思路，但还是不明确、不系统，未上升到老油田二次开发的高度。

2005 年辽河油田加快实施了重大开发试验并见到了效果，原油产量由降而升，结束了原油产量连续 10 年递减的历史。2007 年生产原油 1206.1×10^4t，比 2006 年增产 4.6×10^4t，储量替换率 1.38，储采平衡系数 1.02，一举扭转了自“九五”以来每年递减（30 ~ 40）$\times 10^4$t 的被动局面。2005 年以前，辽河油田面临一系列困难：一是辽河探区陆上勘探进入高度成熟期，发现新储量逐年减少，而且品位低下，储采平衡系数低于 1；二是稠油蒸汽吞吐开采方式下产量递减快，基本没有稳产的基础，采收率仅 24.4%；三是老油田油水井套管损坏严重，井网极不完善，地面设施老化，效率低，安全隐患多，正常生产难以维持。随着蒸汽驱、SAGD 等重大开发试验的实施，水平井技术的推广，其效果逐渐显现。这些做法为老油田提高采收率创造了条件，在当时也体现了老油田二次开发的基本思路。

2006 年辽河油田在工作总结汇报中，明确提出辽河油田“二次开发”和“再造一个新辽河”的设想，而且有一套较完整的实施方案，其思想认识的基础是源于蒸汽驱、SAGD 重大开发试验在辽河油田取得的成功。2006 年中国石油勘探开发研究院召开油田开发讨论会，着重研究老油田如何提高采收率问题，有些专家提到了“二次开发”，也提出了“新二次采油技术”的概念。

2007 年 3 月 11 日蒋洁敏总经理在新疆油田“上传信息”上批示，明确指出老油田实施“二次开发”的意义和要求，这是中国石油高层领导首次有明确记载的有关“二次开发”的批示。2007 年 6 月 10 日蒋洁敏总经理又在韩大匡院士的报告上批示，明确提出实施二次开发，并指出“是油田开发历史上的一次革命，是一项战略性的系统工程”。

2008 年在中国石油油气田开发例会上，大庆油田提出聚合物驱后实施二次开发，是对油田开发认识论和方法论的创新。目前，大庆油田有 14 个聚合物驱区块进入后续水驱开发阶段，地质储量 24800×10^4t，油水井 2361 口，综合含水 96.3%，采出程度 52.8%，挖掘聚合物驱后潜力是大庆油田真正意义上的二次开发。

美国人提出老油田“焕发青春（Rejuvenation/Revitalization）”，许多油田的采收率将从目前的33%左右提高到60%以上，在一些地质条件适宜的油藏中，采收率甚至可达到80%以上。仅美国加利福尼亚州、俄克拉何马州、伊利诺伊州等六大地区的评价结果表明，新一代技术将使这六个地区的技术可采储量增加404×10^8bbl。如果将其推广到美国所有的油田，有望使美国的技术可采储量增加1600×10^8bbl。

大幅度提高采收率将为美国经济发展带来巨大的利益。假设1600×10^8bbl的技术可采储量有1/2转为经济可采储量，油价按40美元/bbl，能源贸易收益将增加3.2万亿美元，联邦政府和地方政府将分别增加税收5600亿美元和2800亿美元。

美国新一代技术尚处在方案设计、数值模拟和资源综合评价阶段。大规模的工业化应用尚需持续的研发和投入，实际应用效果还有待进一步考察。中国石油二次开发已经进入“三大三小”[❶]现场试验阶段，而且进展良好。

新闻链接

玉门油田二次开发先导试验开始“结果”

金秋时节，正是塞外戈壁瓜果飘香的收获季节。玉门油田二次开发先导试验在经过8个月科学、严密地组织实施之后，开始“结果”——先后取得5项成果。

玉门油田是一个开采了近70年的老油田，客观上早已步入了后期开发的“老年阶段”。今年年初，玉门油田为实现“百年油田”的梦想，在老君庙油田M油藏顶部区进行了二次开发的先导试验，并按照“整体部署、分步实施、试点先行”的原则，以提高终极采收率为目标专门成立了二次开发项目部。项目部科学、严密地组织推进了“老君庙M油藏顶部区二次开发试验方案”的实施。目前已在5个方面取得成果：一是油田二次开发组织工作加强，

❶ 指二次开发中的6项试点工程，按实施规模大小进行划分，“三大”是指辽河稠油转换开发方式工程、克拉玛依西北缘砾岩油田工程、冀东南堡陆地复杂断块油田开发工程，“三小”是指玉门老君庙及鸭儿峡低渗油田开发工程、大港西中高渗油田开发工程和吉林扶余低渗透油田开发工程。

对剩余油藏认识有新突破；二是确定了以“新的开发方式”为主题的二次开发技术路线和二次开发试验采收率目标；三是完善“框架方案”和“试验方案”；四是展开多种高精度监测资料录取，为油田二次开发提供技术支持；五是M油藏顶部区二次开发试验井网整体调整稳步推进，效果明显。

玉门油田在二次开发试验区块依据油藏及油水分布特点，引入水平井与直井组合开发新模式，先后部署45口开发井，其中水平井达35口。截至目前，已投产19口水平井，投产水平井数量超过油田前两年投产水平井之和，水平井在二次开发中整体推进取得突破性进展。

在二次开发中，项目部科研人员攻坚克难，研究试验成功了“塑料球选压”和“砂塞预堵”两种分段压裂工艺技术，并先后在13口水平井组织实施了这两项压裂工艺技术，证明增产效果明显。同时，还在二次开发的老井上下功夫，对症下药实施二次、三次采油技术现场试验，先后对11口老井进行技术挖潜攻关，其中9口井获得成功。

经过8个月的二次开发先导试验，玉门油田已总结出“水平井油层改造、油水井治理并举、防排砂及压裂”等多项具有玉门特色的“拳头”技术。油田二次开发试验区的原油产量上升明显，初步实现了二次开发试验区块产能、产量、稳产结构的调整，为重新认识和实现“百年油田”的梦想找到了出路。

消息来源：中国石油网 2008-09-10

老油田二次开发的理论基础

中国石油的油田开发已经走过了50多年的辉煌历程，积累了雄厚的技术和丰富的管理经验。中国石油近年来，加大了对老油田的研究和试验工作力度。

目前，砂岩油田注水开发技术达到了世界先进水平，聚合物驱技术世界领先，深层稠油热力开采技术跨入了世界先进行列，低渗透油气田开发配套技术处于世界前沿。辽河、扶余、玉门、克拉玛依等油田在二次开发的初步探索和尝试中，不仅原油产量稳中有升，而且还积累和集成了一批特色技术，这使得二次开发在理论方面具备了一定的基础。

虽然大多数油田已进入“双高”阶段，但“双高”油田对原油产量的贡献仍非常大。目前，中国石油79%的原油产量，仍由“双高”油田生产，其剩余可采储量占总剩余可采储量的73%。生产实践表明，大约50%～70%的可采储量要在高含水和特高含水期采出。

采收率可表示为波及系数和驱油效率的乘积[1]。目前，中国石油标定的采收率为33.6%，平均驱油效率为56%，平均波及系数为60%。驱油效率的主要影响因素有油水黏度比、孔隙结构和润湿性等。通常认为水驱驱油效率变化不大，但近年来大量实际资料表明，水驱驱油效率随着注水倍数的增加而增加。

大港油田检查井东检3井1982年时含水率84%，驱油效率57%，2004年东检5井含水率92%，驱油效率达76%，矿场取心分析证实，驱油效率可达60%～80%。波及系数的主要影响因素有平面非均质性、层间非均质性、层内非均质性和流度比等。据统计，目前，中国石油油田平均波及系数为60%，其中平面波及系数为90%，厚度波及系数仅为67%，通过水平井等方式进一步提高波及系数的潜力很大。因此，采收率仍有较大幅度的提高空间。

从严格意义上讲，油田开发是时间的函数，随着时间的变化，油田开发结

[1] 杨普华著，《化学驱提高石油采收率》。

果有无数个解，问题的关键是油田开发是个动态过程而不是静态的。过去油田开发的主要矛盾是层间矛盾，现在最突出的问题是层内矛盾，是如何认识层内剩余油分布的规律。另外，油田采收率除受油藏地质特点及流体性质影响之外，更与油藏认识程度和所采取的技术手段密切相关。

近些年来，随着石油科学技术的快速发展，油藏认识的理论和开发技术水平有了长足的进步，可以更好地适应油藏的地质特点和油水关系的变化，最大限度地有效挖掘老油田潜力，进一步提高油田最终采收率。也就是说目前一次、二次采油技术仅能采出原始地质储量的三分之一左右，意味着还有三分之二的原油滞留在地下。如何探索新认识、新理论、新技术进一步大幅度提高采收率，也就是说最大限度地获取地下油气资源，已经成为世界石油工业发展的新方向。

新闻链接

大港油田公司二次开发让老油田焕发生机

大港油田公司采油一厂运用新的开发理念，开发方式和开发技术，推动老油田二次开发。

这个采油厂所管理的唐家河油田主力区块已进入高含水注水开发后期，不同开发层系存在枯竭式开采和开发方式不合理等问题。采油一厂从2006年开始，对唐家河油田进行立体治理及先导试验，重组开发层系，重建注采井网。特别是这个厂围绕老区开发调整实施的注水示范工程，抓住油田的地质特征，以精细油藏描述成果为基础，结合地震、测井和地质等资料进行综合研究，应用三维地震精细解释技术、沉积相研究技术等多项先进手段，认清构造，搞清剩余油分布，对有利目标区进行先期注水完善，实现老油田二次开发。

消息来源：中国石油网 2008-02-28

——老油田二次开发是中国油田开发史上的一次革命

中国石油高层审时度势，高瞻远瞩，值此国际石油行业就老油田“焕发青春”方兴未艾之际，及时准确地提出老油田实施“二次开发”，此举与国际同步，并规模先行，必将对石油工业产生巨大而深远的影响，更是转变经济增长方式、落实科学发展观的重大举措，可以看作是新时期中国石油高层向“剩余难采资源”宣战的动员令！（王乃举语）

“二次开发”是油田开发理念和价值观的革命，它以不断提高油田经济采收率为目标和主线，应用和发展新二次采油技术，重新认识老油田，构建新的开发体系，采用新思路、新方法、新技术，最大限度降低技术经济风险，为大幅度提高采收率开辟一条新的道路，使老油田发生革命性的变化。

“二次开发”应是对现行开发体系全方位的大改造，包括大范围的注水开发油田、以蒸汽吞吐方式开发的重油油田以及实施三次采油的油田等，都有“二次开发”的问题。因为通过重新构建油藏模型、重新组合井网和强化新的工程技术支撑系统，都会对原有的认识和做法带来新的冲击，都有助于提高这些地区的资源利用程度。(王乃举语)

老油田“二次开发”与“二次采油”是有本质区别的，但准确定义和正确理解，并非易事。建立科学的开发方案，选择适用的技术手段，则需要冲破原有思维方式，有点像把双眼强力聚集看三维的感觉（宋杰语）。

“二次开发”是一项重大命题，将引发油田开发过程发生重大变化。中国石油70%的原油产量，来自于开发了20年以上的老油田，老油田对保持原油产量箭头朝上起着关键作用。如何看待中国已开发多年的老油田，历来争议不断。油田开发前期采出的都是较为容易开采的部分，而留在地下的资源开采难度会越来越大，可统称为“剩余难采资源”，大约占总储量的80%左右，虽然油田开发的资源潜力很大，但油田日益老化，低渗透、低丰度、低产、高含水等使开发工作困难重重。

中国石油面对困难与挑战，在长期的油田开发实践与认识过程中，逐步形成了“二次开发”理念与技术，实施条件也日趋成熟。中国石油高层决定启动“二次开发”工程，其意义重大不言而喻，不仅对国内石油工业产生巨大而深远的影响，也将对国际老油田开发产生重大影响。

“二次开发”不论从油田开发的认识、观念、技术、管理上讲，还是从油田服役年限、开发指标极限设置及产生的巨大经济效益等方面来看，都是真正意义上的油田深度开发、资源的充分利用，同时也是转变经济增长方式、落实科学发展观，实现可持续性发展的具体行动。

“二次开发”还可以从根本上改变目前老油田的开发面貌，提高采收率并创造巨大的经济价值，是当前中国石油油田开发的一项战略性的举措，同时，也是一项战略性的系统工程，对于中国经济的快速发展，实现“小康社会”目标，极具资源保障的战略意义。

老油田是个宝，老油田“焕发青春”是当今国际石油行业的热门课题，国外公司在老油田的投入约占开发投资的70%以上，以实现老油田的长时间可持续开发。老油田采收率超过70%已经不是神话，大庆油田、峡湾油田、克恩河油田已经接近证实。

在率先实施老油田二次开发的辽河油田，他们认为，老油田二次开发，再造新辽河，一切皆有可能；二次开发，百年辽河，任重道远；二次开发就是辽河油田二次腾跃。辽河油田既是这一全新理念的先行者，也是这一成功理念的实践者。二次开发为辽河油田打开了一扇全新的大门，也为中国石油的老油田重新焕发青春燃起了新的希望。

如全面推行“二次开发”工程，则“国家幸甚，企业幸甚，百姓幸甚”（王乃举语）！我们要乐观地看待中国老油田开发的未来，老油田的“历史贡献在昨天，发展在今天，希望在明天”（宋杰语）。

辽河二次开发形成四重技术路线

老区综合递减率下降 1.8 个百分点

最新的统计数据显示，至 12 月初，辽河油田公司已经开辟 18 个二次开发试验区和示范区块，覆盖石油地质储量 2.45 亿吨。这 18 个区块日产油水平从二次开发前的 3123 吨上升到 4908 吨，老区阶段综合递减率从 7.8% 下降到 6%，成为辽河油区实现阶段性稳产的关键性工作。

作为中国石油二次开发工作的先行者和探索者，辽河油田早在 5 年前就率先提出二次开发理念，并应用于实际生产。经过精细研究和探索，目前已经形成重构地下认识体系，重选开发方式，重组井网结构，重建地面流程的“四重技术路线”，使二次开发实现从实践经验到理论提升的跨越。同时，油田开发人员凭借精细油藏描述，对二次开发油藏进行重新认识，根据不同情况，采取不同的技术路线。其中，水平井技术已成为主导技术。

特别是今年年初以来，这个油田初步建立二次开发目标区块技术标准和筛选模式，统计出适合二次开发的油藏共 217 个单元。同时，进一步编制二次开发规划方案，对转换开发方式、注水注汽和井网调整等方式进行规划，其中转换开发方式计划到 2020 年达到 274 万吨，最高年增油将达到 270 万吨。

由于二次开发工作还处于起步阶段，目前整个中国石油对此还没有形成系统的理论，包括对二次开发的分类界定、效益评价、过程管理等，尚未形成明确的标准体系。辽河油田在生产工作中不断对二次开发经验进行总结和理论提升，为中国石油二次开发标准体系的建立做出突出贡献。

消息来源：中国石油网 2009-12-08

挑战极限

——老油田二次开发就是实践挑战极限的开发基本理念

中国石油开展的史无前例的重大开发试验，其突出的效果催生了开发基本理念的提出：即“科学开发，挑战极限”。其中“挑战”一词，按《辞海》的解释是鼓动、激怒和逗引对方跟自己比赛或打仗。“极限”意即最大的限度。如果说中国石油这一开发基本理念适用于整个油气田，那么二次开发就是实践和发展这一基本理念。二次开发与传统的开发相比，其最大变化和最大的难点，就是要面对已开发了20年以上的老油田，而这些油田剩余油高度分散，油水关系极其复杂，总体上表现出“两低”、“双高”和“多井低产”的极难特点。要采用不同于传统的开发理念，才能走出油田开发的新路。“两低”是指“新增储量的低渗透、品位的低丰度”。中国石油新增的石油探明储量中，渗透率小于5mD的低渗透储量，比例由2001年的27.1%增至2006年的70.5%，储量丰度低于$100 \times 10^4 t/km^2$的比例达67%，岩性油气藏、火成岩等非常规储层储量比例也不断增加。

“双高”是指“高含水、高采出程度”。中国石油2006年底综合含水已达84.9%，可采储量采出程度为73.9%。而且主力油田的综合含水、可采储量采出程度更高，有些高达85%以上甚至于90%以上。可采储量采出程度可能还有个标准差距问题，但综合含水无论如何是铁打的事实。

“多井低产”是指“油井总数逐年大幅度增加，单井平均日产逐年下降”。中国石油油井井数年均增长20%。从1985年的23180口增加到2006年的114290口，21年增加了9.11万口油井，增长了近4倍，而相应的单井日产却由1985年12.2t降到了2007年的2.7t。面对如此复杂的开发对象，只有瞄准国际先进水平，不断设定采收率的新工作目标，依托先进的开发工程技术，敢于否定过去，挑战自我，对老油田进行全方位、系统的“二次开发”，才能逐步实现

理想的开发极限目标。

从“两低”、“双高”、“多井低产”的极难现实，就不难看出“二次开发”为什么要提出“科学开发，挑战极限”的基本理念，而且要实践和发展这一基本理念。但是，挑战性可想而知，一定要充分看到其难度。反过来讲也并不是可望而不可及。如果说提高采收率是油田开发的永恒主题的话，那么通过二次开发提高采收率将是油田开发遇到的不可逾越的难题。知难而进，义无反顾，何乐而不为呢？

二次开发的条件界定：一是油田服役年限大于20年（稠油可能15年左右）；二是标定的油田可采储量采出程度大于70%（以老标定为参考）；三是油田综合含水大于85%。这些都是极难开采的苛刻条件，而要采出这一部分极难开采的“剩余难采资源”，也是极具重大现实意义和巨大经济效益的。

新闻链接

辽河油田新堵水技术助力油藏二次开发

4月19日，辽河油田欢喜岭工程技术处历经4年开发研究的底水油藏人工隔层堵水技术成功运用于底水油藏二次开发，现场应用效果显著，填补了油田开发领域的一项空白。

截至当日，项目累计实施11井次，措施累计增产原油2.1万吨。这项技术的研发成功，对油田大量停产或半停产的底水油藏实现二次开发意义重大。

辽河油田欢喜岭工程技术处在取得人工隔层堵水试验突破的基础上，欢喜岭工程技术处与高校合作，通过充分的研究和验证，得出了各类地质条件下人工隔层隔水段、隔热段、封口段的最佳理想形态与油藏物性和施工参数之间的关系，并对各种技术参数不断摸索、不断改进、不断优化，提高了人工隔层堵水效果，使人工隔层堵水技术日趋完善。

消息来源：中国石油网 2010-04-20

开发价值观

——老油田二次开发集中体现了油田开发价值观的重大变化

价值是指“体现在商品里的社会必要劳动。价值的大小决定于生产这一商品所需的社会必要劳动时间的多少”。“劳动生产效率越高，单位商品的价值量越低。价值观就是对政治、经济、道德、金钱等所持有的总的看法”❶。

进一步类推，中国石油开发的价值观，就是指对油气田开发、建设、生产、经营以及管理总的要求和把握。具体体现在“经济，有效，采收率”七个字上。老油田二次开发就是实践这一价值观。“经济、有效、采收率”也集中体现了老油田二次开发所要达到的目的和所代表的工作方向。

展开来讲，“经济、有效、采收率”是具有如下内涵：

“经济”是指社会物质生产和再生产的活动。也可指国民经济的总称。经济效益是指经济活动中劳动和物质耗费同劳动成果之间的对比，反映社会生产各个环节对人力、物力、财力的利用效果❷。经济可采储量，就是必须符合国家经济储量规范，要基本满足 SEC 准则，其核心是被探井证实的可采储量，并且要与当时的油价挂钩，这就是人们所说的经济可采储量，还要通过专门机构的评估，突出剩余经济可采储量，以此进行储量品质评估和储量价值评估。特别是价值评估，结合当时的原油价格，预测资源的价值，预测若干年后的开采成本与利润的变化。同时还应注重经济开发单元的效果，以及经济开发界限的合理设置等。中国石油作为一个油公司，任何投资行为，首先要强调经济效益，二次开发必须要保持合理的投入产出比，它不强调单一指标的先进，而是一种整体优化的经济商业行为。其次还要讲“难采剩余储量”的二次开发，不一定都能满足上述条件，企业效益也不一定很高。但是，对国家、对社会则意义重大，

❶ 出自《辞海》，上海辞书出版社。
❷ 出自《辞海》，上海辞书出版社。

这恰恰体现了中国石油的政治责任、社会责任。

“有效”是指能实现预期目的或效果[1]。也是指通过整体的潜力评价，寻找剩余油资源的分布。利用新技术以及成熟工艺技术的集成，使常规开发技术下损失和难以动用的储量得到有效的开发利用，或者使原来的非经济可采储量逐渐转变为经济可采储量，最大限度地挖掘地下油气资源。也就是说通过实实在在的工作做到油气田开发不但要有经济效益，而且还要充分体现科学发展观，在油气资源最大限度的利用的同时，还要实现油气田的可持续发展、清洁发展、安全发展、和谐发展。

“采收率”是指油田采出的油量与地质储量的百分比[2]。采收率是油田开发水平的综合反映，要体现经济开采单元、经济开采油藏、经济可采储量等，特别是在高油价和石油资源相对匮乏的现实背景下，要充分看到大庆油田、玉门油田开发实践的指导和示范意义。二次开发目标采收率50%以上是可以做到的，油田最终采收率达到60%以上是有可能的，70%的油田采收率也不是什么神话。

俄罗斯著名大油田罗马什金，开采64年宝刀未老，潜力尚在，今天它的年产量1500多万吨，累计产量超过22×10^8t，可采储量的采出程度为84.5%以上，研发和应用提高采收率的现代化综合配套技术，如加密汴采井网，改变渗流方向的循环注水，水平井、欠平衡井以及小井眼井等，这些措施可以在复杂条件下稳定提升采收率，保持每年产量增长1%，最近几年使原油产量增长10%，目前这种最高产量可以维持13年。法国拉克气田天然气采收率已经达到95%以上，而且他们扬言“要逮住储层每一个碳烃分子”。

中国石油所管辖的油田，目前大平均仅采出了地质储量的三分之一，除去大庆油田外，其他油田平均仅仅采出了地质储量的四分之一。按照开发水平高的油田其采收率顶层设计的目标，中国石油老油田潜力巨大，只要认真落实开发理念、认真实践开发价值观的基本精神，就没有实现不了的目标！

[1] 出自《辞海》，上海辞书出版社。
[2] 杨普华著，《化学驱提高石油采收率》。

最终采收率

——老油田二次开发的根本目的在于提高油田最终采收率

提高采收率，是老油田二次开发的根本目的所在。对二次开发前采收率、无水采收率作出评估，研究最终采收率达到极值的可能性，全面掌握油藏利用天然能量、注水或注气开发后的剩余油分布的规律，运用更科学的物理、化学等方法改变或改善其渗流机理，采出更多的地下石油资源。

截至2006年底，中国石油累计探明储量167×10^8t，动用储量130×10^8t，可采储量43.8×10^8t，采收率33.6%（扣除大庆长垣后采收率仅为25.5%），与国际平均水平相当（国际平均水平35%）。大庆油田、玉门油田对老油田开发有着极其深刻的理解和认识，在提高采收率方面做了大量的卓有成效的工作，积累了经验，集成了技术。

中国石油一批高水平开发油田的成功实践、重大开发试验、以及采收率研究都表明，目前的采收率具有提高10%～20%的潜力空间。二次开发总的目标就是提高采收率，以目前采收率为基准值，最终采收率达到50%以上是可能的。

依据二次开发的储量筛选条件，油田服役年限大于20年（稠油可能15年左右）；可采储量采出程度大于70%；油田综合含水大于85%。中国石油已开发动用的130×10^8t地质储量中，采用“五笔帐”分析法，即累计采出油、剩余可采储量、未开采储量、三次采油可采储量和二次采油可采储量。一期可实施二次开发的地质储量为55×10^8t，储量覆盖了中国石油主要油藏类型，起始点采收率34%，最终采收率达到50%以上，也就是说还可提高16个百分点。如果实现这一目标，中国石油总体采收率水平目标设置将处于国际领先水平。预计增加可采储量9.1×10^8t，拉动中国石油采收率整体提高7个百分点，总体达到40.6%。对一些油藏条件较好的油田，采收率提高的幅度将更高。

目前，中国石油勘探新发现储量，初期一次井网平均采收率约为20%，如果各个阶段的开发活动到位，采收率也就是25%左右，开发效果好的油田最大采收率也就是30%左右，当然大庆油田例外。二次开发预计可增加的9.1×10^8t可采储量，相当于勘探新发现地质储量45×10^8t，而勘探发现这些储量按常规约需要9年时间。按照中国石油平均发现成本测算，勘探新增探明储量45×10^8t约需花费1800亿元。

按照"整体部署、分步实施、试点先行"的原则，"十一五"期间，从55×10^8t地质储量中，优先安排19×10^8t储量实施"二次开发"，预计新增可采储量1.3×10^8t。2008年开始或继续在辽河稠油、玉门老君庙、新疆克拉玛依和吉林扶余等油田试点工程建设，其他油田成熟一个实施一个，确保实现"二次开发"工作目标。

二次开发将使老油田的稳产形势得到明显改善。老区年增可采储量由降变为升，从2006年的2366×10^4t储量上升到2010年的6600×10^4t储量，整体拉动中国石油国内口径储量替换率提高0.22个百分点。根据对"十一五"期间二次开发的投入、新增可采储量、新增产量进行经济评价，结果表明二次开发效益明显，按中国石油的评价标准，油价按40美元/bbl计，其内部收益率可达到21%。

二次开发符合循环经济的要求，可使伴生气全部利用，污水全部处理利用，吨油能耗降低20%，原油损耗率降低20%。通过规模应用水平井可节省用地6000余亩，可大大降低开发成本和操作成本。

从二次开发的提出到编制规划方案，到最后组织实施，其过程都是令人十分激动的，它真正的意义还在于大幅度提高油田最终采收率，最大限度地获取地下石油资源，稳定老油田生产，延长老油田服役期，推动老油田技术进步，探索老油田实现长期可持续发展的路子。

大庆油田依靠老油田精细开发和"三次采油"新技术，使采收率达到高水平。从1959年发现大庆油田，截至2005年底，累计探明石油地质储量57.75×10^8t，累计生产原油18.66×10^8t，分别占中国石油的36%和60%。

大庆的原油产量在1976年达到5000×10^4t，此后连续27年在5000×10^4t

以上高产稳产，稳产年限比国外同类油田高出一倍还多。大庆油田平均采收率从开采初期的23.2%，提高到目前47.2%，比中国石油其他油田平均采收率（25.5%左右）高出22个百分点，在世界上处于先进水平。

大庆油田还建成了世界上最大的聚合物驱工业化生产基地，并形成了较为完善的配套技术，聚合物驱年产量已连续4年保持在1000×10^4t以上的水平，聚合物驱规模及主体技术达到了世界领先水平，得到了国际上的公认。目前大庆油田正在规模试验和实践三元复合驱技术工程。

玉门油田在近70年的开发历程中，经历了建产、高产、递减、稳产、后期开采5个阶段，采用常规油田开发技术和精细管理，实现了稳产。老君庙油田30年含水基本不升，保持了较高的采收率，达到了世界水平，体现了玉门精神。

玉门油田以精细油藏描述和剩余油分布规律认识为基础，以水平井规模应用为主要手段，重新构建部署适合目前地下油水分布规律的注采井网，并以先进的配套技术带动地面工艺流程的重建和优化，最大限度地增加产量，挑战采收率极限。在二次开发一期工程实施后，预计玉门油田老君庙、鸭儿峡等老区块的产量，将从目前的18.8×10^4t上升至30×10^4t，水驱采收率将提高8.3个百分点。

大庆、玉门油田在提高采收率上的成功实践，为二次开发积累了经验，也为其他油田开发树立了标杆。各油田面对的开发对象有所不同，必须根据自身特点，创造性地开展工作，才能达到二次开发的工作目标。

新闻链接

一手抓水驱上产 一手抓“三采”攻关

大庆油田全力攻坚提高采收率

到4月30日，大庆油田采油一厂老油田二次开发工程示范区完成钻井949口，基建1614口，水驱精细挖潜示范区正按计划推进，整体采收率正向60%靠近。与此同时，在大庆油田勘探开发研究院采收率实验室，副总工程师伍晓林正与三次采油攻关队为大庆油田更长远提高采收率而加紧攻关。

集团公司总经理蒋洁敏在大庆油田调研时指出，实现原油4000万吨持续稳产，长垣是主体，要以长垣二次开发工程实施为抓手，通过井网和层系的调整，使水驱产量比例达到60%以上，要努力朝着采收率60%以上的目标迈进；三元复合驱技术要尽快成熟，成为战略储备技术；聚驱后提高采收率技术要加快攻关，使其在原油4000万吨持续稳产中发挥重要作用。

为提高采收率，大庆油田一手抓水驱上产，立足当前深挖水驱潜力，力保水驱产量60%和原油采收率60%两个目标实现；一手抓“三采”攻关，放眼长远，超前研究储备三次采油技术。

在大庆油田每年原油4000万吨产量构成中，2/3以上是水驱产量。大庆油田紧紧抓住水驱稳产主线，做足水驱大文章。长垣水驱坚持做实稳油控水基本功，深入开展地下情况大调查，做好精细油藏描述、精细注采关系调整、精细注水系统挖潜、精细日常生产管理“四个精细”工作，增加水驱动用程度，深挖剩余油潜力，稳定并提高单井日产量。

大庆采油一厂确定了到2012年保持原油1111万吨的原油稳产任务。这个厂建立了水驱精细挖潜示范区，实施“一块一策”、“一井一法”，落实“一口井工程”和“水驱挖潜实验”，水驱加密提高采收率6个百分点以上，含水上升率控制在0.4%以内。

大庆采油二厂在井网和油层有代表性的南八区设立水驱精细挖潜示范区，应用各种手段和成熟配套技术，精细水驱开发，改善油层动用状况，控制产量递减及含水上升速度，确保实现3年产量硬稳定。

目前，大庆油田三次采油技术领先世界，建成了世界最大的三次采油基地，“三采”年产量突破1000万吨，累计产油1亿吨以上。但大庆人面临的现实是，大规模提高聚驱产量还有很多不确定因素，三元复合驱技术目前投资和成本较高，有些区块还不能大面积推广。

面对复杂严峻的稳产形势，大庆油田领导层深刻地认识到，今后3至5年，大庆油田科技发展至关重要，必须牢牢抓住这个关键期，汇集全油田之力，“集中方向、集中队伍、集中投入、集中精力、集中攻关”，以最小的代价、最短的时间、最快的速度，打好打赢这场事关油田可持续发展的科技攻坚战，实现三次采油提高采收率技术的新突破。

大庆油田决心全力以赴打好这场科技攻坚战。对三次采油提高采收率的重大关键技术，油田将组建成立大项目部，由公司领导或有关专家担任项目组长，抽调专人负责项目研究工作，以进一步加大科研攻关力度，加快科研攻关进程；根据技术成熟度，分层次、有计划推进提高采收率技术攻关和应用，重点推广聚驱，完善强碱三元，攻关弱碱和无碱，探索其他提高采收率技术，确保重大瓶颈技术攻关早日取得实质性突破，为原油持续稳产提供有力支撑。

消息来源：中国石油网 2010-05-05

老油田二次开发的基本动力

科学技术是生产力，是推动企业发展的根本动力，要实现二次开发工作目标，首先要取得技术上的突破。二次开发的技术路线的核心内容是“三重”，即“重构地下认识体系，重建井网结构，重组地面工艺流程”。

重构地下认识体系。主要包括采用精细三维地震技术、高精度动态监测技术（过套管电阻率测井、C/O 测井、PND 测井等）、精细油藏描述技术、储层精细刻画技术等，并淘汰一批老资料。深化油藏认识，搞清剩余油分布，采用网络化、信息化技术，自动录入资料数据，方案自动生成，建成数字化油田。

重建井网结构。主要内容是改变传统的直井井网结构，以丛式井、水平井、侧钻水平井、平台式水平井等为主要开发井型，对具备条件的油藏纵向上层系细分重组，平面上井网加密，完善注采系统，改善水驱效果。要坚定不移地淘汰一批维护成本高的老井，原则上整体实施，能利用的井则利用、不能利用的则弃置。

重组地面工艺流程。根据高含水油田开发特点，以丛式钻井和平台式、集约式布井为基础，扩大水平井的规模应用，优化简化地面工艺流程，坚定不移地推行一级或一级半布站，短流程，常温输送，扩大冷输半径、泵对泵工艺流程。坚决淘汰能耗高、效率低的地面设施，达到“四新、三高、三全、一循环”。其中“四新”是指新工艺、新技术、新设备、新材料；“三高”是高效加热炉、高效注水泵、高效输油泵；“三全”是全密闭、全处理、全利用；“一循环”是指循环利用。真正实现油田地面设施高度自动化。

辽河油田新海 27 区块二次开发示范工程，突出的做法：一是创新老油田二次开发潜力评价方法，实现目标区的快速筛选，即理想点法和变参数评价方法；二是整合理论、技术、成果、资料、人员，开展精细地质、低速开采原因、技术对策、相关机理等研究；三是优化工程方案设计，系统优选152个设计参数，全面优化油藏、钻井、采油、地面工程设计；四是坚持针对性、先进性、规模性的原则，形成了新的44项配套技术系列，如稠油油藏地质建模技术、一次开发综合评价技术、水平井优化部署技术、数字化油藏技术等；五是兼顾盘活相邻区块的油气资源，兼顾弃置资产的再利用，兼顾自然保护区的生态环境保护，兼顾节能降耗，兼顾生产安全隐患治理；六是开采方式由直井向水平井转变，开发方式由冷采向热采转变，老油田改造方式由“关、停、并、转、减”向“开、启、调、减、优”转变。

新海27区块废弃了59口低效油井，整体实施了33口水平井、29口侧钻水平井，钻井成功率100%，日产原油由33t上升到340t，高峰期日产油360t，达到了传统开发峰值的原油产量，采油速度提高了10倍，年建设原油生产能力12×10^4t，采收率可达到31%，示范工程全部配套后，采收率可达到40%以上，也就是说可提高采收率18～27个百分点。单井产量由3t上升到11t，采油速度由0.26%提高到2.78%，自然递减由34.6%降低到5.2%，综合递减由32.7%降低到2.8%，综合含水由93.4%降低到74.5%，百万吨产能建设投资规模30～37亿元，现阶段操作费280元/t，投资回收期2.9年，取得了可观的经济效益。使一个濒临废弃的油田区块恢复了原有的生机。

新闻链接

以产量结构优化带动效益提升

辽河油田化学驱目标直指稀油

记者5月13日获悉，辽河油田即将开始的首次大规模化学驱、调驱实验目标已确定。作为二次开发主导技术，化学驱主要目标转向稀油，将进一步优化产量结构，提高经济效益。

据了解，化学驱和调驱主要针对老油田注水开发程度不断加深、开发矛盾日益突出和稳产难度大等问题，通过注入化学剂改善水驱波及体积，提高驱油效率，达到提高采收率目的。辽河油田利用二次开发调结构的契机，将

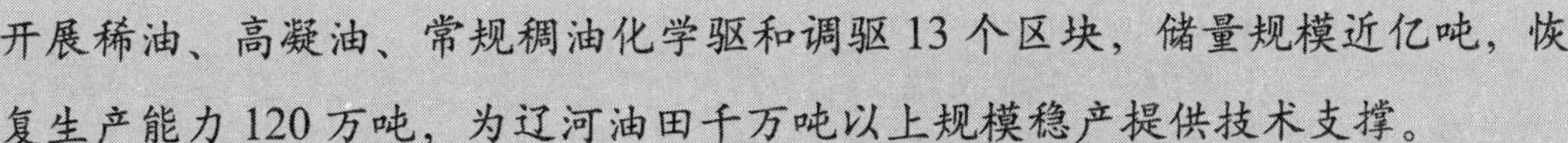

开展稀油、高凝油、常规稠油化学驱和调驱 13 个区块，储量规模近亿吨，恢复生产能力 120 万吨，为辽河油田千万吨以上规模稳产提供技术支撑。

针对化学驱、调驱不同特点，辽河油田科研人员结合油藏地质特征和开发矛盾，合理确定实验方案，开展室内配方体系评价研究，优化注入参数、方式等，确保老油田化学驱、调驱试验效果，形成实施方案。为充分发挥化学驱提高单井产量接替作用，经过科研人员艰苦攻关，二元驱研究率先取得突破，完成锦 16 块兴隆台油层二元驱工业化试验配方体系设计方案，在数值模拟和物理模拟基础上确定了合理的注采参数与注入方式。预计开展二元驱后，可增加可采储量 46.3 万吨，提高采收率 15.5%。

消息来源：中国石油网 2010-05-14

老油田二次开发的基础条件

中国石油在勘探开发历程中，积累了丰富的经验和技术，特别是“九五”以来，在油田开发方面采取了一系列重要举措，取得了积极的成果，为实施二次开发奠定了基础。

一是规模开展精细油藏描述工作。2004 年以来，规模开展了精细油藏描述工作，共描述地质储量 81×10^8t，占已开发储量的 62%，油藏模型实现了数字化。大港油田有其独到的做法，他们在精细油藏描述方面率先示范，使大港陆上油田保持了相对稳产。

二是重大开发试验取得突破。辽河稠油蒸汽驱、SAGD 试验取得成功，SAGD 技术提高采收率 30%，蒸汽驱技术提高采收率 20%，可推广一类地质储量 2.5×10^8t，可增加可采储量 6400×10^4t；大庆“二三结合”提高水驱采收率试验，针对长垣不适合三次采油技术的高含水二、三类储层，在萨中北一区和喇嘛甸北块开展试验，可提高采收率 7 ～ 10 个百分点；新疆砾岩大幅度提高水驱采收率试验，克拉玛依六中东区已开发 40 多年，井网严重不完善，采油速度只有 0.4%，而含油饱和度仍在 50%以上，为了大幅度提高水驱采收率，开展了改行列注水为五点法面积注水、恢复压力、分层开采试验，预计提高采收率 8%以上。

三是水平井技术得到规模应用。2007 年中国石油完成水平井 806 口，占新钻开发井数的近 6%，涵盖稠油、边底水、薄层等主要油藏类型，发展了常规水平井、侧钻井、分支井、阶梯状水平井等多种井型，初步形成水平井设计、轨迹控制、储层保护、举升、生产监测等配套技术。辽河新海 27、冀东庙浅等渤海湾四个老油田水平井开发示范工程，目前见到明显效果，项目共设计水井 112 口、侧钻水平井 31 口，水驱采收率整体提高 7 个百分点，为濒临停产、高

含水、低采油速度、高采收率基值油田进一步提高采收率进行技术示范。

四是地面生产系统“优化简化”成效显著。工作实施三年多来，实现了节能降耗、提高效率的目的，基本形成了适合老油田开发的地面工艺技术。有组织地推广了辽河油田的“关、停、并、转、减”，长庆油田的“单、短、简、小、串”等做法和经验。例如大港港西集输系统改造后，吨油能耗由2040MJ下降到1830MJ，集输系统效率由45.8%上升到63.6%，注水系统效率由41.3%提高到56.2%。吉林扶余油田综合调整后，321座计量站减为203座，23条干线调为12条，各类集输管线由3510km降到1243km，分散供热转为集中供热，年节约运行费用1.9亿元，集输注水系统年节电1317kw · h，减少各类站队22个，减少人员810人，油气损耗率从2.3%下降到1.0%，生产总能耗从4029MJ/t降到1548MJ/t，成为股份公司“优化简化”的样板工程。

五是一批高水平开发单元水驱采收率已超过50%。例如大庆南二三区高台子采收率达到60.8%、大庆杏南纯油区58.1%、大港庄一断块54.0%、华北京11断块51.9%。为完善水驱效果，提高水驱效率，积累了经验。

上述五个方面的成果和经验，为老油田二次开发提供了成功的基础，也为二次开发提供了技术上的保证。中国石油的勘探开发，在某种程度上是在前人实践基础上的探索进步，也是在总结经验基础上的提高，没有前人的实践和经验，很难使二次开发在一定时间内取得较好的成果。

新闻链接

吐哈油田二次开发打特色技术拳

多项技术已具备规模实施条件

11月23日，随着吐哈温米油田二次开发方案正式出炉，一系列适应于老油田二次开发的特色技术也登台亮相。这标志着经过近一年的矿场试验，吐哈油田公司已找到了老油田二次开发的“尖兵利器”，且多项特色技术已具备了规模实施的条件。

吐哈鄯善、温米、丘陵等油田开发时间只有十几年，采出程度仅20%，但综合含水却超过了70%，过早呈现出“未老先衰”的态势。为深入挖掘三大油田的潜在资源，年初，吐哈油田公司决定对老油田实施二次技术开发。吐哈油田公司成立了技术攻关小组，按照“重构地下认识体系、重建井网结构、重组地面工艺流程”的思路，优选“疑难”区块，开展了细分层系、小井距、周期注水、注气等矿场试验，形成了一套能适应老油田二次开发的特色技术。其中低渗油田精细油藏描述技术、细分层系开发技术、注气提高采收率技术、数字油田技术因效果突出，被列为二次开发的主打技术。

在细分层系开发技术试验方面，吐哈鄯善油田西一区采用这项技术后，区块水驱开发效果得到明显改善，原油产量止跌回升，含水上升速度得到控制。

在采油技术方面，注气非混相驱技术在油田大显神威，目前已形成了注气方案设计集成、注气开发试验、注气动态监测分析及效果评价等配套技术系列。试验证明，由于采用了这项技术，实验区内60%以上的油井都见到良好效果，截至今年11月中旬，已累计增油近5万吨。

目前，吐哈已全面完成了油气田开发、地面系统、办公自动化数据库的配套建设工作，实现了油田生产管理的信息化、自动化、一体化，油田生产和科研工作效率得到大幅提高，为老油田二次开发提供了坚实技术保障。

消息来源：中国石油网 2009-11-30

初步成果

——老油田二次开发在辽河等油田取得了初步成功

辽河油田是二次开发的先行者。经过30多年的勘探开发，油田储采失衡，部分油区油水井套损严重，地面设施老化，持续10年产量递减，年平均递减30×10^4t以上，而已开发油田的采收率仅为24.4%。辽河油田在开发实践中逐渐建立了二次开发理念和工作体系，并深刻认识到只有突破瓶颈技术，才能大幅度提高最终采收率，盘活剩余石油资源，从根本上改变资源入不敷出的局面。

针对传统开发的矛盾，从技术入手，重新构建起地下认识体系，重新确定适宜的开发方式，形成适应油藏特点的井网、井型及完井方式，采用高效举升的先进的工艺技术、安全环保节能且自动化程度较高的平台地面工程系统，特别是中国石油重大开发试验项目SAGD、蒸汽驱技术的突破，使开发效果发生了根本性改变。

SAGD和蒸汽驱技术对辽河油田具有划时代的意义，如果再扩展到二、三类储量，可以把辽河油田的生命周期延长25年左右。从可采储量的角度看，相当于又找到了一个辽河油田。二次开发的初步成功，使辽河油田2006年基本实现了产量稳定并小幅上升，预计到2010年通过“二次开发”将增产251×10^4t，创造老油田重新焕发青春的奇迹。

吉林扶余油田由于存在注采系统不完善、分注状况差、套管损坏严重、注采井网与地层不适应等问题，导致油层压力下降，含水上升快，产量递减幅度大，措施效果差，开发状况不断恶化。虽然经过转换开发方式和两次井网加密调整，但原油产量依然从1987年的近100×10^4t下降到2002年的65×10^4t，综合含水达到89.1%，单井日产量降到0.52t。

扶余油田面对日趋严峻的开发形势，解放思想，抓住主要矛盾，实施以“优化合理井网，加大注水力度，提高经济效益，实现良性循环”为原则的综合调整。通过井震结合精细构造研究、细分沉积微相、储层精细对比、水淹测井解释、三维地质建模等技术，扩边增加储量，细化地质认识，掌握剩余油分布规律。通过钻井调整、老井转注或转抽、封停低效井，新建产能 45.5×10^4t；应用单砂体精细刻画，结合剩余油特点，制定注水方案，实现精细注水；采用电缆输送式套管射孔、螺旋布孔、偏心配水、水力压裂等配套工艺，突出经济实用，保持和提高产能。2007 年末，扶余油田原油年产量跃升到 105×10^4t，综合含水下降到 86.5%，初步实现了焕发青春的目标。

新疆克拉玛依油田已有近 50 年的开发历史，至今没有进行过大规模的系统调整，井网已不完善，产量和储量损失严重。对西北缘老油田重新认识，仅完善井网这一措施，加上其他配套技术，就可以建设 400 多万吨的生产能力，使老油田产量不减反增。

克拉玛依油田对稀油二次开发规划部署的分步实施，预计水驱采收率将提高 8%。“十一五”末，老区原油产量较规划增加 218.6×10^4t，新增可采储量 4000×10^4t 以上。2007 年二次开发工程的一期工程正全面推进，新建原油产能 36.2×10^4t，也为 2008 年 100×10^4t 老区产能建设做好了准备。克拉玛依油田二次开发规划目标为：2007—2010 年，稀油新建产能 305×10^4t，年产油量由 2006 年的 234×10^4t 将升至 2010 年的 425×10^4t。

玉门老君庙油田采收率达到了世界水平。其二次开发初步方案设计部署水平井 254 口，直井 96 口，调层井 264 口，封井（弃置）269 口。井网的重新部署，使不同区块在相对合理的井网下开发，从而实现老油田在一个新的水平上高效开发。老君庙等老油田 2007 年产量 18.8×10^4t，预计到 2009 年达到 22.4×10^4t，2012 年达到 30.4×10^4t，20×10^4t 稳产 10 年以上；2039 年产量预计也将保持在 12.8×10^4t，打造百年油田。

大庆油田三次采油的成功经验，开展的重大开发试验，二次开发“三大三小”试点，水平井“四项示范工程”[1]；辽河、扶余二次开发的初步成功经验，以及辽河、玉门、新疆等油田对二次开发深刻的理解和认识，都为二次开发积累了经验和集成了技术，也为其他油田开发做出了表率。不同的油田有不同的

[1] 指冀东庙北浅层油藏、辽河新海 27 区块、大港枣北油田和华北京 11 断块 4 项水平井示范工程。

实际情况，每个油田只有结合自身特点，解放思想，突破原有传统开发方式的束缚，才能使二次开发取得成功。

新闻链接

新疆油田二次开发初具规模　老油井重现活力

中石油新疆油田公司4日透露，新疆油田公司“二次开发”工程初具规模，许多老油井重新焕发了活力，这为该田持续增产提供了保障。

据了解，截至目前新疆油田公司已完钻二次开发井1057口，建产能84.62万吨，平均单井日产油3.87吨。同时，基本形成了围绕油田二次开发所需的系列配套技术体系。

新疆油田公司的“二次开发”工程始于2007年，工程目标是提高采收率10%、新增5000万吨可采储量，到2013年新建300万吨产能，实现准噶尔盆地原油生产的持续稳产。“二次开发”是指当老油田采用传统的一次开发达到极限状态或已达到弃置条件时，采用全新的理念和新的采油技术，提高石油采收率，其核心可概括为“三重”：重构地下认识体系，重建井网结构，重组地面工艺流程。

据介绍，“二次开发”工程既推动了新疆油田的持续稳产，又对提高单井产量起到积极作用。二次开发区块的新井单井产量目前达到4.9吨，比新疆油田平均单井产量高40%。

今年，新疆油田“二次开发”工程将在7个区块部署217口井，建产能24.96万吨。“二次开发”试验区进一步优化层系井网，实施深部调驱试验，完善二次开发配套技术。

新疆油田公司2009年生产原油1089万吨，生产天然气36.2亿立方米，

未来几年该公司将在稳定原油产量的基础上，不断提高天然气产量，并在明年初步形成现代化大油气田的格局。

消息来源：中国石油网 2010-03-05

老油田二次开发存在的问题

二次开发将引起人们对老油田的关注，加大投资力度，开展规模性调整，夯实产量增长基础，使老油田恢复生机，提高生产能力。二次开发要求油田开发战线的同志们集中精力，重视并做好老油田的精细工作，是当前重点工作之一。

二次开发将解决油田开发工作中的“喜新厌旧”问题。目前，一些油田重点主要放在新油田开发上，而老油田的精细工作关注较少，阻碍了老油田的进一步发展。二次开发给老油田与新油田同等重要的地位，使老油田重新得到关注，改变只关注新油田建设而忽略老油田可持续发展问题。

二次开发解决了目前体制机制下老油田的投资问题。老油田开采时间长、负荷重、历史欠账多，而二次开发有助于解决目前体制下老油田投入不足的问题。在目前油价和技术条件下，要抓住有利时机，将二次开发的投资、老油田改造投资、隐患治理投资等优化配置集约使用，发挥最大的投资效益。同时，要在使用弃置成本上做文章，动脑筋把它用于老井、老流程弃置处理和老油田挖潜，研究出既符合弃置成本使用基本原则，又能与老油田二次开发相结合的办法。投资规划中还要尽可能增加一些操作成本，增加对老油田的投入。

二次开发要设立专项试验和试点资金，解决二次开发的开发地震、精细油藏描述、资料录取等大量基础工作所需投资，二次开发相关的重大开发试验、技术示范工程、攻关研究也将继续开展。这样对老油田持续投入，就会彻底改变老油田的开发状况，实质性地解决一些老问题。

二次开发解决了“头痛医头脚痛医脚”的问题。以前油田的开发方式，基本上是被动的，出现问题后才调整，哪里出现问题就调整哪里，缺乏系统性和深层次考虑，结果造成问题越来越多、调整效果越来越差，造成资金、人力和

物力的浪费。而二次开发强调积极预防、提前出击，是对老油田一次系统、全方位、深层次的改造，是综合考虑油田地质特征、剩余油分布、油藏动态、采油工艺和地面设施而进行的深度开发，在目前油价、技术和油田开发现状具备条件的情况下，具有全局性、整体性和系统性。

二次开发解决了老油田合理配产和相对稳产问题。稳产的基础还是老油田的剩余储量，而二次开发最重要的技术路线之一，就是依靠先进的科技手段，重新认识和描述老油田油藏，认识以前没有认识到的油砂体，分析以前“不予考虑”的单层，重新认识以前认为的“差油层”，仔细辨别薄互层的含油性，找出剩余油富集区，精确刻画剩余油分布，努力增加老油田剩余储量，重新构建老油田新的储量体系。只有满足了老油田稳产条件，产量增长的结构发生变化，才能夯实产量增长的基础，才能实现老油田的良性发展。

在实施二次开发过程中，还应注意采用新的管理模式。例如辽河油田SAGD和蒸汽驱先导试验，开展了近11年的时间，但试验工作量的80%都是在后两年完成的，这得益于后两年采用了全过程EPC管理。EPC是国际上通用的项目管理方法，从方案、设计、材料采购、过程实施都由一套组织机构运作，油田公司、承包商、监理或管理公司之间职能、责任、权利、义务界定分明，降低了业主的项目风险和费用。

结　束　语

它的成功将产生一个“改变游戏规则”的“全新”局面。

这一千秋事业也将是上游开发业务发展的永恒主题和难题。

中国石油二次开发是一项系统工程，二次开发是对现行传统开发思路与认识的突破与超越，是对目前开发体系全方位深层次的改造与创新，涉及地质、油藏、钻井、地面工程、采油、输送等诸多方面，是一项艰巨复杂的战略性系统工程。为尽最大可能降低“二次开发”的技术经济风险，实现大幅度提高采收率的工作目标，二次开发必须要深入做好以下工作：

一是潜力评价。是指对老油田资源潜力的评价。原则上都要按《中国石油“二次开发”规划》大纲，摸清自己的家底，以“五笔帐”的方法研究、计算油田的剩余资源的潜力，做到心中有数。

二是整体部署。各油田公司要结合本油田的实际情况，编制“二次开发”规划方案及实施方案，要求是整体部署，分年实施；条件成熟，立即实施。

三是重大试验。包括辽河稠油二、三类油藏蒸汽驱、SAGD 试验，大庆长垣“二三结合”提高采收率试验，新疆克拉玛依六中区提高水驱采收率试验，大庆长垣聚合物驱后提高采收率试验，玉门老君庙（包括鸭儿峡）提高采收率试验和吉林、大庆注 CO_2 提高采收率试验等重大开发试验，都要认真继续做好。

四是示范工程。水平井和侧钻水平井是二次开发的一项重要技术。继续做好冀东庙北浅层油藏、辽河新海 27 区块、大港枣园油田和华北京 11 断块规模应用水平井及侧钻水平井作为“二次开发”的技术示范工程，必须抓好抓实。

五是试点工程。2008 年开始实施“三大三小”二次开发试点工程，即辽河稠油蒸汽驱 /SAGD、新疆西北缘、冀东南堡陆上、玉门老君庙（包括鸭儿峡）、吉林扶余和大港港西等。这些工程实施效果如何，关系到二次开发战略目标的实现，其意义非同寻常。辽河、吉林已见到了非常好的效果，但还要继续抓好，其他四家油田要迎头赶上。问题关键在于领导，正如辽河那样视为“一把手”工程，事情就好办了。

六是技术研究。即剩余油分布新模板研究，数字化油田资料自动录入、方案自动生成研究，钻采注工艺配套技术研究，采收率标定新方法研究和全新地面工艺流程研究。这五项技术研究要在 2008 年见到实质性的效果。

七是落实大纲。《中国石油“二次开发”规划》大纲，是二次开发的纲领性文件。落实规划是中国石油上游业务的主要任务之一，也是近期的重点工作，一定要抓紧抓好抓实，要像辽河油田那样，精心组织、精心设计、精雕细刻、精益求精，见到效果。

中国石油二次开发将创造可观的经济效益。初步研究二次开发一期工程增加可采储量 9.1×10^8t，即 71.54×10^8bbl，按油价 80 美元 /bbl 计算，可实现产值 41608 亿元，按照 2006 年的纳税方法计算，可为国家创造税收 18376 亿元。

我们坚信，在集团公司党组和股份公司管理层的正确领导下，只要不断解放思想、转变开发观念，用新的思路、新的方法、新的技术，积极应对技术经济风险，中国石油老油田二次开发目标一定能够实现。

第二篇　专　　论

高度重视老油田开发和潜力挖潜❶

1　引言

勘探与生产分公司的报告全面系统地总结了 2006 年工作，对 2007 年的工作进行了全面部署。这个报告非常好，是反复审定的一个总结性发言，与去年相比有非常大的进步，有水平，有高度，也有难度。2007 年原油产量要净增 100×10^4t，达到 10753×10^4t，非常有难度。为什么说有高度有难度呢？几个数据我在这里重复一下。

在中国石油将近 80% 的油田处于一个“双高”的条件下，保持稳产还要净增 100×10^4t，极其不容易。“双高”一是指油田综合含水本年末接近 85%，二是指可采储量采出程度接近 74%。1999 年上市以来，原油产量一直下降，到 2002 年开始增长，2007 年比 2006 年要净增 100×10^4t，这是很不容易的，是集团公司党组和股份公司管理层下了很大决心才确定的。高度、难度主要体现在这个指标上。第二个指标是探明石油地质储量 5.25×10^8t，储量替换率继续保持大于 1。这个大于 1 是实实在在的、有含金量的，不是按国内标准计算的，而是按 D & M 公司评估的结果计算的。要完成替换率大于 1，奠定中国石油原油生产的基础，也是难度非常大的指标。第三个指标是 2007 年产能建设达到 1230×10^4t，百万吨产能建设的投资标准提高到 30 亿元，与 2006 年相比提高 2 ~ 3 亿元。但这个标准对大庆、吉林、长庆等的低渗透油田的开发建设，难度还是非常大的，吉林的工作汇报中认为百万吨产能建设至少需要 35 亿元。

王元基副总经理提到的 2007 年第四项重点工作，其核心议题是要重视老油田开发。完成 600 口水平井，大修侧钻 3000 口井，15 项重大开发试验，滩海

❶ 本文是作者在中国石油 2006 年度油田开发工作会上的发言的整理稿。

工程、安全环保隐患治理，合作开发规范，这些问题都是非常重要的，讲得比较到位，体现了管理层的工作思路。这些也是管理层提出的要求，要严格贯彻，严密实施，下功夫坚决完成 2007 年油田开发指标。

下面我对加强老油田开发谈几点意见。

2007 年股份公司上游业务，有四个骨干指标，油田开发工作者必须心中有数。原油探明石油地质储量 5.2×10^8t，是上市以来的一个最高峰。2003 年安排探明储量是 3.8×10^8t，当时认为完成这个指标是有难度的。现在要探明储量 5.2×10^8t，是第一个非常重要的指标。天然气探明地质储量 $3000\times10^8m^3$，是列入正式计划的指标。还有计划单列项目，苏里格地区在四年之内要增加探明储量 $2\times10^{12}m^3$，每年至少交探明储量 $(3000\sim5000)\times10^8m^3$。因此，每年总的探明储量将达到 $8000\times10^8m^3$。过去每年探明 $(1000\sim2000)\times10^8m^3$ 也非常难，现在一年探明天然气储量要达到 $8000\times10^8m^3$，是上游业务的第二个重要指标。第三个重要指标，原油产量比 2006 年要净增 100×10^4t。第四个重要指标，天然气产量比 2006 年要净增 $100\times10^8m^3$。第三和第四个指标合计净增油气当量 900×10^4t。

上游 23 ~ 24 万的员工，2007 年的工作将主要围绕着这四个指标进行。围绕实现这四个指标，2006 年已完成几个方面的重要工作。2010 年大庆油田油气当量保持在 4200×10^4t 的规划目标的制定，是 2006 年完成的一项非常艰巨非常重大的工作。温家宝总理为大庆的可持续发展和建设百年油田先后做了两次批示，并亲自到大庆听取汇报并做了重要指示。集团公司和股份公司抽调二三百位专家，用了两个多月的时间，完成了一个完整的大庆可持续发展规划，并向国务院进行了汇报。核心内容是到 2010 年大庆的油气当量要继续保持在 4200×10^4t，这很了不起。

2006 年发展壮大了大庆、长庆、新疆、塔里木、辽河和西南六个千万吨级油气田。大庆虽然产量下降，但保持目前的生产能力极其不容易。现在综合含水超过 90%，但是这几年产量下降的速度明显减缓。过去每年下降 200×10^4t，这几年仅下降 150×10^4t，这本身就为中国石油做出了巨大贡献。搞石油的人往往容易关注产量上升的油田，不太注意产量箭头朝下的油田。产量下降时，想

法可能会多一点，但产量下降是油田开发的规律，不下降不符合客观现实。

到 2010 年，将要建设完成四川、塔里木和长庆三个年产天然气 $200\times10^8m^3$ 的大气区，方案已经确定，现在只剩四年时间。最近的情况表明，除塔里木情况稍好外，四川和长庆都遇到了很大的困难。四川遇到的困难不是储量问题，而是川东北高酸性气田开发问题。要把握进度，控制速度。要实现四川 $200\times10^8m^3$ 的规划目标，必须加快龙岗和广安须家河的开发。长庆子洲地区地下情况很复杂，可能要把 $25\times10^8m^3$ 的指标调整一部分到苏里格，苏里格开发方案要相应做出调整。可见，长庆实现 $200\times10^8m^3$ 的目标也有一定的难度。一是完成这些储量的评价要打上百口井，资金无从解决；二是同时要建设四个 $(30\sim50)\times10^8m^3$ 的净化厂，现在开始订货倒排运行大表时间都非常紧张。因此，到 2010 年要建设完成这三个 $200\times10^8m^3$ 级的大气区难度还是比较大的。

2006 年，吉林油田油气当量达到 600×10^4t，随着新油田的开发和长深气田储量的落实和开发，油气当量达到 1000×10^4t 是有希望的。2010 年，青海油田天然气规划目标 $60\times10^8m^3$，原油 200×10^4t。青海气田的资源和开发条件，比塔里木还好，如果 2007 年实施完成 $15\times10^8m^3$ 的产能建设，2007 年产能就可达到 $54\times10^8m^3$。后面还有 3 年时间，实现 $60\times10^8m^3$ 的目标是完全可能的。

玉门油田也有可能做出大文章，吐哈三塘湖油田发展也有可能，华北把鄂尔多斯东部的煤层气开发搞起来也是有可能的。总体来说，各个油气田的开发状态和发展前景都是比较好的。

同时，减产油田也悄然发生了改变。这几年，大庆、辽河和吐哈三个油田箭头一直朝下。通过不断努力，特别是重大开发试验的成功，2007 年吐哈和辽河将实现原油产量略有回升，箭头开始朝上，这在中国石油的开发史上是一个了不起的成就。今天四个油田的汇报报告都做得非常好，其中，辽河的报告，做得非常仔细，确确实实有技术含量，确确实实下了功夫。辽河和吐哈，都围绕老油田开展增储挖潜工作，效果相当好。因此，不能只把目标盯在 1230×10^4t 的产能建设上，要把老油田稳产作为重要的工作来抓。

2 趋势

近几年世界上大的石油公司有一个基本的趋势、倾向，就是把三分之二的投资用于开发30年以上的老油田的调整和挖潜。一个基本的原因就是全世界的老油田为全球提供了70%的产量。中国石油老油田每年建设近500×10^4t的生产能力，考虑老油田的评价、系统改造等，投资虽达不到三分之二但至少也是一半。目前，油田开发需求的主要技术是老油田稳产增产工程技术，中国石油重大开发试验就是围绕老油田挖潜增产、储量有效动用和提高采收率开展的，与全球大石油公司的做法基本一致。

3 地位

中国石油2006年生产原油10652.5×10^4t，其中的70%是由已开发10年以上的老油田生产的。这一亿多吨原油是中国石油上游业务的基础，产量占70%的开发10年以上的老油田，则是这个基础的基础。实现原油产量的箭头持续朝上，老油田的贡献非常大。实现原油产量东部硬稳定，西部快发展是主营业务上市以来集团公司党组和股份公司管理层确定的宏伟发展目标。最近，蒋总在这句话后面又加上一句话，就是东部硬稳定并有所回升，西部快发展，老油田是关键所在。2006年，蒋总在三次管理层例会上都讲到老油田，指示要从战略发展的高度重视老油田的开发，把老油田开发作为一个系统工程来抓。勘探与生产系统要把老油田开发工作做好，除在投资上要增加对老油田的投入外，成本应有所增长。

4 问题

老油田目前主要有两个问题，集中反映在两个开发指标上。第一个指标是可采储量的采出程度，2006年底预计股份公司各油田平均采出程度将达到74%。其中，五家地区公司的采出程度高于这个数字，主要是东部油田，不包括吉林和冀东。这个指标是可信的，因为可采储量的标定是依据美国证券委员会也就是SEC的标准，由D&M公司评估的。第二个指标是综合含水率，2006年综合含水率为84.94%。其中，大庆、大港和冀东三家油田公司综合含水高于这个指标。冀东油区含水上升很快，应加强冀东陆上含水控制工作。油田开发的难度，集中体现在这两个指标上。这就是大家多次提到的油田开发“双高”问题，“双高”使地下剩余油高度分散化，高度复杂化，单井产量下降。2006 年底，股份公司平均单井日产 2.8t，吉林油区平均单井产量只有 1.1t。剩余油分布高度分散，高度复杂化，是油田开发的现实；单井产量下降，产液量上升，注水量增加，生产井数增多，地面处理和运行规模越来越复杂，使成本负担越来越重。

5　主题

老油田下一步的工作有两条主线，任何时候都要认清这两条主线。

一条主线是提高采收率。油田开发的最终目标就是不断提高采收率，这是油田开发工作的主线，没有其他主线可以替代。油藏描述、区块治理、钻调整井、注化学剂、注蒸汽等系列工作，都是围绕这条主线开展的。2006 年底股份公司总的采收率是 33.6%，比上年下降一点，因为有新的油田投入，拉低了总采收率。如果从中去掉大庆 47.22% 的采收率，其他十二个油田的平均采收率只有 25.5%。这十二个油田下一步做工作，如果能达到大庆目前的采收率水平，采收率还可以提高 21 个百分点，这就是老油田的潜力所在。而大庆目前的采收率与实施三元复合驱的目标相比，还可提高 10 个百分点，三元复合驱目标与挪威北海峡湾油田 66% 的采收率相比，又可再提高 10 个百分点。目前，世界上采收率达到 40% 以上的油田很多，可见，这些油田提高采收率的潜力巨大。上游业务到 2006 年已经动用地质储量 129×10^8t，采收率每提高一个百分点就意味着增加 1.29×10^8t 的可采储量，就相当于每年探明 6×10^8t 的地质储量。回头来看，为什么世界各大石油公司把三分之二的投资放在老油田上，放在开发 30 年的老油田上？国际大石油公司如此重视老油田开发，并且利用现在的认识、现在的技术，对付开采程度很高的老油田，绝对不能忽视。国际大石油公司绝不会干傻事，把三分之二的投资放在老油田是经过仔细研究和慎重考虑的，这是一个见效快、风险小和明智的选择。要遵循当前国际形势的主流，国际大石油公司能看到做到的事情，我们也必须看到和做到。要呼吁，让高层领导重视这个问题，增加技术和资金投入，做好老油田工作。要确确实实高度重视老油田开发，不要嫌弃老油田，不要仅仅热衷于新油田建设而把老油田搁在一边，老油田潜力很大，提高老油田的采收率是第一位的工作主线。从这次会议上四家油田公司汇报的情况看，通过不断地挖潜，发扬愚公移山的精神，就一定能够提高采收率。

第二条主线是控制递减率，这与提高采收率紧密相关。油田开发任何一个指标都不是独立存在的，都是相互联系的。目前，标定的股份公司的平均综合递减率是 7%，这里面有一个非常大的误导，也不排除标定产量时的人为因素。我与刘圣志、王元基副总经理反复交换意见认为，每年新建产能 1200×10^4t，如果综合递减率是 7%，股份公司每年的增产幅度就不仅如此。投资不到位，产能建设到位率就无从谈起。分析产能建设到位率，必须首先分析投资到位率，这就是现实情况。我认为，实际老油田年综合递减率应在 9% 左右。与国际大石油公司 9% ~ 13%的综合递减率相比，9% 的综合递减率是下限，属于正常水平，所以不要被标定的递减率迷惑了。并且，老油田的综合递减每降低 0.5 个百分点，就相当于每年增加 50×10^4t 产量。所以，重视老油田开发，要从提高采收率和控制综合递减率这两个最核心最重要的主线入手，才能不断提高老油田的开发水平。

6 措施

2007 年对于老油田开发主要要做好以下八个方面的工作。

第一，构建老油田新的地质认识体系。也就是构建新的地下油藏认识体系，以精细高分辨率的三维地震为基础，重要的区块要采用四维地震，利用井间示踪、井间地震、VSP、过套管电阻率测井等技术，通过动态监测，油藏精细描述等，彻底地量化老油田剩余油的分布规律与潜力。要总体部署，综合研究，全面覆盖，分年实施。几年工作之后，要彻底淘汰一批老资料。我去挪威国家石油公司考察发现，挪威国家石油公司的北海油田已经实施完成三维地震多次覆盖，每次都有新的认识。因为油田是动态变化的，不能说做一次三维地震后三、五年就不用做了，要提高这方面的认识，真正地利用好三维地震采集，通过对开发井网的分析，对老油田形成一个彻底的认识。要淘汰一批老资料，否定过去形成的一些固有认识；不淘汰老资料，不否定一些老认识，就不可能建立起新的油藏认识体系。BP 与挪威国家石油公司都提出了建设未来油田。什么是未来油田？具体解释就是数字化油田。大庆现在也在搞数字化油田，2007 年这项工作要从大庆抓好。管理层已批准大庆长垣油田搞南北两个 100 兆的三维地震数据体，通过试验取得经验后再逐步推广到其他油田。这是重视老油田开发、实现老油田稳产的第一项工作。

其次，二次采油仍是油田开发的主体。必须牢固树立这个认识，不能把二次采油边缘化，要重视二次采油工作。2006 年原油产量 10652.5×10^4t，其中，三次采油 1200×10^4t（实际上其中含水驱产量占一半），稠油开采 1100×10^4t，其余 8000 多万吨都是通过二次采油生产的，也就是总产量的 80% 以上都是靠注水补充能量采出的。可见，二次采油是油田开发的主体。大庆这几年在二次采油上的技术进步不亚于三次采油所取得的进步。过去，大庆在二次采油方面出现了几个院士，现在在精细二次采油方面也照样可以出几个院士。出几个院士是衡量一个单位的科研和实践应用的水平，没有院士就没有技术领先地位。尽管水价提高了，但相对于其他开发方式来说，注水开发仍是最有效益的。与辽河蒸汽驱、SAGD 开采每桶油高达 9 美元的成本相比，现在没有哪种采油方式比注水开发更经济。2003 年就提出了二次采油目标，就是把采收率提高 3 ~ 5 个百分点，当时还编制了规划方案。实际上每年能提高 0.3 个百分点，等于增加了 3000×10^4t 的可采储量，加上新区建设每年动用的可采储量，实现了储量替换率大于 1 的工作目标。辽河前几年储量替换率一直维持在 0.8 左右，通过加强老油田的挖潜，2006 年储量替换率将超过 1。2007 年，二次采油主要要抓好以下几项工作：一是完成年调剖注水井 4000 口。4000 口注水井占总注水井数的 10%，预计每调剖一口井需投资 10 万元，通过减小自然递减率，可增加 $(30\sim50)\times10^4$t 原油。现在每年的工作量不到 1000 口，一定要做好方案，各个油田要认认真真做好工作。二是大修注水井。2007 年计划安排大修油水井 2800 口，其中注水井 500 口。三是加强细分注水、精细注水，减少低效无效注水，控制水流方向。通过这三项工作，并合理地调整注采井网、调整层系，推广大庆和玉门二次采油的经验和堵水调水的技术，改变注水状况，继续发挥二次采油的主力作用。各个油田要根据具体情况，安排得更具体，内容更丰富，不断改善二次采油技术，继续保持它在油田开发中的主体地位。中国石油不能忽视老油田开发，油田开发工作者更不能忽视二次采油。

第三，继续推动重大开发试验技术攻关。2005-2006 年，中国石油在三次采油、提高水驱采收率、稠油热采、低渗透油气田开发等方面开展了 16 项重大开发试验，其中，有些项目已经取得成功，如辽河蒸汽驱与 SAGD、吐哈三塘湖超前注水等；其他项目还要继续实施。同时，经过研究，合并一些同类项目，比如把大港、华北、新疆聚合物驱合并为一个项目；有些搞得不行的项目把它剔除去，这样合并剔除后为十项重大试验项目，2007 年要继续实施。辽河的 SAGD 与蒸汽驱，在一类储量取得成功后，下一步要向二类储量延伸；二类储量攻关完成后就向三类储量延伸。在这十项重大开发试验项目中，三分之二的项目都是围绕提高老油田采收率这一主线。这十项重大开发试验项目覆盖前景储量约 36×10^8t，如果都取得成功，大约可以增加 6.38×10^8t 的可采储量。其中，大庆的三元复合驱、辽河的蒸汽驱和 SAGD、吐哈三塘湖的超前注水等最为突出。大庆的三元复合驱技术基本成功，还要做一些后续完善工作。辽河 SAGD 和吐哈三塘湖的超前注水已经组织验收。吉林的微生物研究与现场驱替试验进展也比较好。2007 年要在大庆和吉林新开二氧化碳驱试验，北京勘探开发研究院和廊坊分院参与，组成团队共同完成这个项目。该技术在世界上是成熟技术，吉林长深气田含二氧化碳，为注二氧化碳提高采收率奠定了气源基础。如果注二氧化碳的混相问题成功解决，其效果不亚于三元复合驱。其他新开项目还有辽河稠油化学驱试验，新疆砾岩复合驱试验，大庆火山岩气藏的开发技术试验等。大庆、吉林和新疆找到三个大面积的火山岩气藏，是世界上最大的火山岩气藏，世界上还没有开发这么大的火山岩气藏的成熟技术。所以，大庆火山岩气藏的技术试验非常重要。目前，这个课题已经有初步方案，正准备组织实施。最后一个是高酸性气藏的开发与技术试验，按照蒋总的指示，这个项目准备放在塔里木进行试验，成功后再移植或复制到川东北。川东北人口稠密，危险大。这次中国石化气井井喷，根据蒋总的安排，我和吴奇副总经理去现场协助中国石化解决了这个事件。这样一个井喷事件，胡锦涛总书记做了两次指示，温家宝总理做了三次指示。因为人多和舆论宣传，影响很大。四川龙岗气田是否搞试验还要研究，一旦试验失误，由于酸性气体含有剧毒，人口又稠密，风险太大。为了构建社会主义和谐社会，也为中国石油的发展，所以把高酸性气田技术试验放在塔里木。这个试验如果成功，意义重大，可全盘复制到四川类似气田的开发，要认真组织好。下面，我再强调一下油气田重大开发试验的重要性。大庆油田曾经大规模地进行过重大开发试验，胜利油田也搞过大规模的开发试验，但这么多年来再没有搞过什么重大试验。目前开展的一系列重大试验，可以说是中国石油第三次大规模试验，对今后若干年低渗透油气田开发和老油田提高采收率都有实质性指导意义。所以要十分重视当前的十项重大试验，一定要把北京勘探开发研究院、廊坊分院和地区公司的力量动员起来组成强有力的技术攻关团队。其中，水平井水平段改造攻关项目非常重要，由“两院三公司”承担，2006 年就已经投资 2 亿元，但缺少一个强有力的牵头单位。北京勘探开发研究院、廊坊分院，以及大庆、吉林和长庆三家油田公司，一定要把水平井水平段的改造试验认认真真地搞好，否则水平井扩大应用规模就没有出路。大庆、吉林和长庆三家一年钻井总数占到中国石油产能建设钻井数的 80%，低渗透水平井段改造技术不过关，水平井规模就难以扩大，提高单井产量和减少开发钻井数的作用就会大打折扣。所以，要尽快把这个重大试验攻关下来。也不要认为中国石油技术不行，每一个重大试验成功后，都可以申报国家科技进步一等奖。这样，中国石油将在四、五个技术方面在世界各大石油公司中具有领袖的地位。我与 BP 谈到大庆三次采油、辽河稠油开采和长庆的低渗透开采，他们很感兴趣并希望双方进行技术交流，也认识到这方面和我们的差距很大。所以，要重视这十项重大开发试验，各位主管油田开发的领导都要亲自抓，认真组织实施。

第四，规模推广水平井。股份公司 2002 年钻水平井 50 口，2003 年钻水平井 68 口，2004 年钻 168 口，2005 年钻 201 口，2006 年钻 522 口。2007 年将达到 629 口，相当于 1887 口直井，其中老区钻水平井 300 口，是老油田挖潜的一个重要方向。要重点抓好勘探生产分公司确定的华北的京 11 区、冀东的庙北、大港的枣北、辽河的新海四个水平井示范工程，至少每一季度要进行一次统计和检查，不检查就不能掌握工作进度，情况不清楚。目的是要逐步改变多井低产的现实，改变传统开发方式，转变原油稳产增产方式。“两院三公司”要积极推进低渗透水平井水平段改造技术攻关，从2006年开始争取用两到三年的时间取得实质性进展，绝对不是指一两口井的成功，有些油田对水平段改造有成功的先例，但总共只有十几口井，未形成规模化。要形成具备规模化应用的成熟技术，为大规模推广水平井准备技术条件，从而使大庆、吉林和长庆大面积的低渗透油田实现整体应用水平井开发。对于辽河推广水平井的效果和出现的问题要认真研究，水平井规模应用，钻井总数就要减少，钻井、油建队伍工作量减少，怎么办？一是增加产能建设工作量，二是寻找外部市场。长庆苏里格地区钻井数量多，钻井队伍缺乏，可以调到苏里格去。辽河的问题反映出一个问题的两个方面，达到一个目的又产生副作用，工作量减少，稳定受到影响。要高度重视，从业务角度要把这两方面问题解决好，这项工作才能干下去，不能像美国在20世纪30年代工业化腾飞的时候机械化自动作业造成大量裁员，没活干也不行。

第五，老油田大修侧钻。目前，老油田需要大修侧钻井约12000口。从2007年开始，每年计划安排1500口井，投资11亿元，可提高油井开井率1个百分点，增加原油50×10^4t。大修侧钻时要兼顾井网层系的调整，按照先优后劣、先易后难的顺序，持续实施若干年，彻底使油井生产状况得到改善。在大修侧钻投资申请上要动脑筋，请勘探与生产分公司和财务部研究，如何在使用弃置成本上做文章。可在大庆、吉林、辽河、华北、大港、新疆等这些老油田筛选区块，把老井眼填埋或封堵，申请使用弃置成本。现在，弃置成本达到240亿元，要动脑筋把它用于老油田挖潜，研究出既符合弃置成本使用基本原则，又能与老油田挖潜结合起来的办法。弃置成本申请成功后，围绕老油田大修侧钻又可增加投资10亿元。这样对老油田持续投入几年，彻底改变老油田的开发状况。油田开发一切工作，没有投入是干不成的，财务处协助油藏管理处、计划处把这个资金有效利用起来。油水井含水不断升高或开采枯竭，最终会废弃，要按二次采油、二次开发的概念重新梳理一遍老油田。大修侧钻可以把老油田地面系统改造覆盖一部分，把老井眼填掉算一部分，这与弃置成本的使用原则就一致了。要加快研究，有效使用弃置成本。

第六，恢复老油田的长停井。大修侧钻需要一定的技术和投资，恢复长停井，只需少量成本，要区别开来。2006年，恢复长停井大约1800口，单井产量接近3t，有效期1～2年。有两家油田公司效果明显，辽河恢复880口井，新疆恢复500口井。其他油田公司也要想办法多恢复一些长停井，目前油价下日产达到0.5t就有效益。大量停产井是一笔财富，相当于一个蓄水池，要管理好，不能让地方侵占，不能长期闲置，时间越长越不好恢复。中国石油正常生产井只有9.91万口，开井率不到80%，而停产半年以上的油井达到1.37万口井。在股份公司高层研讨会上，我提出展望中国石油十年、十五年以后，产量要保持目前水平，采油井总数将要超过20万口井。恢复1800口井，与股份公司总停井数相比是个小数目，各油田公司要千方百计想办法，把勘探与生产分公司分配的任务实实在在地完成，花少量的成本把这项工作完成。

第七，继续做好老油田简化工作。在这个方面要采取大动作。油田开发是采掘业之一，一次形成的规模是为满足最大需要而建设的，当这个高峰期过后很快就变成大马拉小车，这是采掘业建设的特点和规律。随着认识和技术的进步，工艺技术都发生了实质性的变化。但目前还在沿用20多年前或30多年前的一些老工艺流程或老工艺设施，显然和当前建设节能节约型社会的要求是不相称的。所以，要下大力气把老油田的简化工作抓起来，对工艺落后、规模过大、能耗大、效率低、用工多的地面工程系统进行简化。地面系统改造每年投入30亿元，2007年要改变投资方式，集中投入在几个老油田上，从整体上做好老油田简化工作。不要搞平衡，投资无重点，效果不突出，要形成有特点的技术和管理模式。上产的油田，新建产能多，老油田就可以少投入一些，新区少的油田，可以多投入一些，把老油田好好简化一下。2007年要继续实施老油田简化工程，大庆的喇嘛甸“抽稀”，辽河的“关停并转用”是大家熟知的成功经验，长庆的简化井口也是老油田的简化工艺措施。老油田简化应该以丛式井和水平井为基本单元，减少土地占用，地面采用二级布站或一级半布站，常温密闭、泵对泵输送工艺，彻底改变地面工艺流程，很多油田也都做到了，这才能体现节能、节地和高效开发的目的。

第八，建议增加老油田维护的成本。上游业务的操作成本2002—2006年连续五年上升，这是事实。2006年算上风险作业预计是6.5美元／bbl，而预算指标是5.02美元／bbl。统计结果表明，关联交易顺价增加0.37美元／bbl，隐患治理增加0.2美元／bbl，风险作业费增加0.55美元／bbl，材料涨价包括水电涨价、员工工资增长0.6美元／bbl。而真正用于老油田维护的费用是下降的。井下作业费由2000年的0.79美元／bbl下降到2006年的0.77美元／bbl，油田维护修理费从0.34美元／bbl下降到0.28美元／bbl，油气处理费由0.37美元／bbl下降到0.35美元／bbl。2006年油田维护作业量84000个井次，老油田措施27800个井次，油水井大修、大中修3300个井次，油水井压裂10850井次，自营区投产油水井11380口井，转注水井1217口。在工作任务这样大的前提下，油田维护费却是下降的。其中，还出现了几个记录，油井的免修期达到521d，抽油井检泵周期780d，这些数据反映出技术进步与大家工作的努力，但更重要的是，成本投入不够，很多井应该作业而不得不放弃，很多井出工不出力。这个问题很严重，措施增油量连续六年没有多大变化，维持在650×10^4t左右。所以，增加真正用于老油田的操作成本是当务之急。管理层最近决定增加一点操作成本，也可能采取其他方式增加对老油田的投入。要研究怎么利用增加的投入把老油田的工作做好，实质性地解决一些老油田的问题。

围绕油田开发2007年十项重点工作中的一个问题，就是老油田挖潜与稳产，谈了几点看法。中心意思，希望大家重视老油田，老油田是我们的衣食父母。如果说生产10753×10^4t原油是整个中国石油的衣食父母，老油田就是上游业务的衣食父母。不坐稳老油田，油田开发工作者就没有尽到职责。

新闻链接

八项关键技术助力二次开发

目前，在股份公司、油田公司的大力支持和指导下，勘探开发研究院以二次开发试点工程为主体，各项技术攻关和实践工作有序展开，成效显著。

在二次开发技术攻关中，砾岩油藏的“立体井网重组”、水淹层解释、调剖与深部液流改向、三维地震强化采集与处理、过套管电阻率测井、浅层、低温屏蔽暂堵钻井储层保护、配套采油工艺、地面优化简化等八项关键技术，推进了二次开发工程的进步，为落实克拉玛依油田二次开发潜力奠定了坚实基础。

自2006年开始进行二次开发的技术准备和部分区块现场实施以来，结合新疆油田油藏特点和开发状况，研究院认真贯彻股份公司二次开发工作部署和技术政策，在克拉玛依砾岩油藏大幅度提高水驱采收率重大试验，和多年老区调整实践的基础上，以克拉玛依砾岩油藏为目标，不断推动二次开发实践与探索，努力实现提高采收率10%，新增可采储量5000万吨。

在二次开发工程中，对克拉玛依油田一区到九区侏罗系八道湾组、三叠系克拉玛依组和二叠系乌尔禾组水驱开发砾岩油藏进行了立体调整、试验先行、规模实施，同时进行了系统的精细油藏描述和水驱潜力评价。

目前，二次开发的地震采集、处理工作进展顺利，密闭取心26口，并建立了系统微观剖面，加大了对调整区块的资料录取，共进行特殊测井55井次。

在地面工程建设中，已建设简易计量管汇点36个、计量配水站39座、集油注水管线157公里；改造电脱水装置4台，在采气一厂和采油一厂中间建1.5万方的污水处理站1座，将在2009年底投产。

同时，开展试验方案与基础理论综合研究10项、钻井工艺、采油工艺、地面工程配套工艺技术攻关研究项目10项。经过攻关研究，对冲积扇砾岩储层砂体构型、砾岩储层驱油效率、剩余油的分布等有了新的认识。

在八项攻关技术中，调剖与深部液流改向技术对高渗透优势通道采取整体调剖、分级封堵、深部改向技术，取得较好效果；过套管电阻率测井技术在准确进行油藏流体饱和度监测的同时，进行水淹层识别，寻找剩余油，为老区挖潜提供了新的方法；浅层、低温屏蔽暂堵钻井储层保护技术，使用低温储层保护剂和页岩稳定剂替代原来的阳离子乳化沥青，室内实验平均渗透率恢复提高到81%。

消息来源：中国石油网 2009-05-06

二次开发工程（提要）❶

一、意义

老油田二次开发，
是一个重大命题，
不论从油田开发的认识、观念、技术、管理，
还是油田服役年限、开发指标极限设置及产生的巨大经济效益等方面来讲，
都是真正意义上的油田深度开发、资源的充分利用；
是一项战略性的系统工程，
是油田开发的一次革命，
也是转变经济增长方式、落实科学发展观的具体行动。

二、态度

中国石油总经理，
四月二日到六月十九日，先后十三次讲话和批示，
关于二次开发、采收率、水平井等，
从战略高度、战术要求、指明了方向，
提出了目标、技术措施要求等；
十分必要，并称之是系统工程、一次革命等。

三、现状

2006 年底，中国石油的：
石油探明储量 ××

❶ 该文是作者 2006 年 6 月 22 日在中国石油高层战略研讨会上的发言（廊坊国际大酒店）。

累计动用储量 ××

标定可采储量 ××

平均采收率 34%。

动用储量五笔账：

（1）累积产油量 ××

（2）剩余可采储量 ××

（3）三次采油增加可采储量 ××

（4）二次开发增加可采储 ××

（5）不可采储量 ××

潜力巨大

终极目标：就是不断缩小“不可采储量”。

四、定义

当传统的一次开发基本达到极限状态，或已达到弃置的条件，采用全新的概念、应用新的二次采油技术，对老油田实施二次开发，重新构建油田新的开发体系，大幅度提高油田最终采收率，最大限度地获取地下石油资源，实现安全、环保、节能、高效开发。故称之为老油田二次开发。

五、条件界定

（1）油田服役年限大于 20 年以上；

（稠油可能 15 年左右）

（2）标定的油田可采储量采出程度大于 70%以上；

（以标定为依据）

（3）油田综合含水大于 85%以上。

符合此三条的油田开发属二次开发。

反之亦然。

六、目标设置

就是采收率：

起步点设置为：34%；

设置采收率目标达到 50%（规划储量）。

目标设置为：下限提 10%，上限提 15%。

一般油田：上限是 44%，下限是 49%。

特殊油田：上限是 50%，下限是 55%。

七、技术路线

二次开发的技术路线是：新二次采油技术。

主要是区别于老二次采油技术。

新二次采油技术是介于老二次采油技术与三次采油技术之间的技术。

主要体现在三个方面：

（1）重新构建地下认识体系：

精细地震三维技术、高精度动态监测技术、精细油藏描述技术、

储层结构精细刻画技术、搞清剩余油分布、资料数据自动录入，

建成数字化油田。

（2）重建井网结构 ：

丛式井、水平井、侧钻水平、平台式水平井等为主要对象；

改变传统的直井井网结构；

坚定不移地淘汰一批维护成本高的老井；

原则上整体实施，能利用的井则利用、不能利用的则弃置。

（3）重组地面工艺流程 ：

优化简化地面工艺流程；

坚定不移的推行一级或者一级半布站；

常温输送、扩大冷输半径、泵对泵工艺流程；

坚定不移的淘汰能耗高、效率低地面设施；

实现“三高三全一循环”的目标；

三高：高效加热炉、高效抽油泵、高效输油泵；

三全：全密闭、全处理、全利用；

一循环：循环经济；

真正实现油田地面设施高度自动化。

八、规划

根据界定条件，

从中筛选第一批储量 ××.×× 亿吨储量，制定一期规划。

基础起步采收率 34%；

最终采收率达到 50.6 %；

增加可采储量 ××.×× 亿吨储量；

效益非常可观。

二次开发意义重大、前途无量；

老油田是个宝；

老油田可长时间可持续开发；

采收率达到 70% 以上已经不是神话；

大庆油田、霞湾油田、克恩河油田已经接近证实。

九、措施

（1）制定老油田二次开发规划。

（2）组织与二次开发有关的重大开发试验：

大庆 2 + 3 试验；

大庆三次采油之后二次采油试验；

辽河蒸汽驱试验；

辽河 SAGD 试验；

吉林提高采收率试验；

新疆砾岩提高采收率试验；

玉门常规提高采收率试验。

(3) 组织好渤海湾水平井（包括侧钻）示范性工程：

辽河、冀东、大港、华北。

(4) 抓好二次开发试点：

三大工程：辽河稠油、冀东老区循环经济、西北缘等试点；

三小工程：吉林扶余、玉门老君庙、大港枣园等试点。

(5) 抓紧落实研究工作：

剩余油分布新模板研究；

数字化油田资料自动录入、方案自动生成研究；

二次开发注采工艺配套研究；

采收率重新标定研究；

全新地面工程流程研究；

只有做好这些工作，才有可能减少二次开发的风险。

何为二次开发？

中国石油老油田二次开发是激动人心的工程之一，2008年认真搞好“三大三小”老油田二次开发示范性工程意义重大，继续与各位专家、仁人志士商榷非常必要，望多提宝贵意见！

当传统的一次开发基本达到极限状态，或已达到弃置的条件，采用全新的概念，应用新的二次采油技术，对老油田实施二次开发，重新构建油田新的开发体系，大幅度提高油田最终采收率，最大限度地获取地下石油资源，实现安全、环保、节能、高效开发。故称之为老油田二次开发。

二次开发的技术路线是：新二次采油技术主要是区别是介于老二次采油技术与三次采油技术之间的技术。主要体现在三个方面：

(1) 重新构建地下新的认识体系：

精细三维地震技术、高精度动态监测技术、精细油藏描述技术、储层结构精细刻画技术、搞清剩余油分布、资料数据自动录入，方案自动生成，建成数字化油田。

(2) 重建井网结构：

以丛式井、水平井、侧钻水平、平台式水平井等为主要井型，改变传统的直井井网结构，坚定不移地淘汰一批维护成本高的老井。

原则上整体实施，能利用的井则利用、不能利用的则弃置。

(3) 重组地面工艺流程：

优化简化地面工艺流程。坚定不移地推行一级或者一级半布站、常温输送、扩大冷输半径、泵对泵工艺流程。坚定不移地淘汰能耗高、效率低的地面设施。

实现“三高三全一循环”的目标：

三高：高效加热炉、高效抽油泵、高效输油泵；

三全：全密闭、全处理、全利用；

一循环：循环经济。

真正实现油田地面设施高度自动化。

论老油田实施二次开发工程的必要性与可行性❶

摘要：本文基于中国石油天然气股份有限公司所属油田目前所处的开发阶段、资源基础、地面系统现状和原油采收率水平等，分析了中国石油所属油田面临的开发形势，提出老油田二次开发的概念。二次开发的对象必须符合 3 个条件：(1) 油田服役年限在 20 年以上 (稠油油田服役年限在 12 年以上)；(2) 标定的油田可采储量采出程度在 70% 以上；(3) 油田综合含水率达到 85% 以上。二次开发是项系统工程，“十一五”以来中国石油在油藏研究、钻采工程、地面系统等方面形成了特色技术。按照“整体部署，分步实施，试点先行”的实施原则，中国石油老油田原油采收率可提高 10% ~ 20% 。中国石油老油田二次开发前景广阔，实施二次开发工程是中国石油老油田开发的必然选择。

关键词：中国石油 ；老油田 ；二次开发

中图分类号：TE3 文献标识码：A

Necessity and feasibility of PetroChina mature field redevelopment

Abstract: This paper presents a new concept of redevelopment of mature fields and defines its object on the basis of the PetroChina's field development status analysis, including development stage, remaining reserves, surface engineering, and average oil recovery factor. For mature field redevelopment, three conditions must be met. Firstly, the field producing is over 20 years (heavy oil fields over 12 years); secondly, the recovery factor of recoverable reserves is up to 70%; thirdly, the field water cut is up to 85%. PetroChina has developed special technologies and technical know—how in reservoir study, drilling and production engineering, and surface engineering since

❶ 本文是发表于《石油勘探与开发》，2008 年第 1 期。

the national “11th five—year plan”. Mature field redevelopment is complex system engineering and should follow three principles, which are integrative deployment, staged implementation, and pilot study first. Redevelopment of mature oilfields is a necessary way and the expected increase of oilrecovery factor ranges from 10 to 20.

Key words: PetroChina; mature field; redevelopment

中国石油天然气股份有限公司(简称中国石油)所属油田经过几十年的开发，为国家提供了大量油气资源，为国民经济发展和国家能源安全作出了巨大贡献。然而，随着地下油气资源的不断开采，油田日益老化，老油田数量越来越多，三次采油适用范围有限，成本相对较高，开发难度越来越大。目前中国石油产量的70%仍然来自老油田，其剩余可采储量依然相当可观，老油田的作用非常巨大，所以，老油田“二次开发”成了必然选择。

1　中国石油所属油田面临的开发形势

经过几十年的开发后，目前中国石油已开发老油田呈现如下特点：

(1) 油田总体进入“双高”(高采出程度、高含水)开发阶段，东部油田产量呈递减趋势，中国石油原油产量总体稳中有升。2006年底中国石油可采储量的采出程度达到73.9%，综合含水率达到84.9%，开发难度进一步加大。2006年产量达到10 653 × 10^4t，最近5年平均年增长63.4 × 10^4t，其中总产量的79%以上是由开采20年以上的老油田提供的，但以老油田为主的东部地区，产量年均递减120 × 10^4t。

(2) 老油田稳产的资源基础变差。与新区相比，“九五”期间老区新建产能比例为56%，“十五”期间下降至39%，老区新增可采储量逐年减少，挖潜难度增加。

(3) 油田服役年限长，系统老化较为突出。已开发的263个油田中，服役年限超过20年的油田114个，其储量占总开发储量的60%；待修套损井比例上升，可采储量损失增加，地面系统能耗高、效率低，从而使得老油田改造投资和安全环保隐患治理投资加大。

(4) 原油采收率水平与国际平均采收率存在差异，仍有较大潜力。截至2006年底，中国石油动用石油地质储量为 130×10^8t，可采储量 43.8×10^8t，原油平均采收率为25.5%(不包括大庆长垣采收率33.6%)，与目前国际平均采收率35%有一定差距，提高采收率仍有较大潜力。

2 老油田二次开发的含义及基础

2.1 老油田二次开发的含义

当老油田采用传统的一次开发基本达到极限状态或已达到弃置的条件后，采用全新的理念，重新构建老油田新的开发体系，应用新二次采油技术，实现安全、环保、节能、高效的油田开发，大幅度提高油田原油最终采收率，称之为二次开发[1~6]。

二次开发的对象必须同时具备以下3个特征：(1) 油田服役年限在20年以上(稠油油田服役年限要在12年以上)；(2) 标定的油田可采储量采出程度在70%以上；(3) 油田综合含水率达到85%以上。

2.2 老油田二次开发的基础

随着新油田发现的减少和开发成本的增大，国外许多油公司开始把目光投向老油田。ExxonMobil、BP、Shell等大石油公司也已将提高已开发油田采收率作为公司重要的发展战略，2005年资本支出的三分之二用于30年以上的老油田开发调整与挖潜，通过动态描述、数字化油藏、水气交注、多学科集成等先进二次采油技术，不断提升老油田价值，达到提高采收率的目的。英国BP公司Miller油田水驱采收率已达到60%，通过实施 CO_2 驱，预计采收率可达到70%；俄罗斯罗马什金油田泥盆系二次采油采收率已达到60%；挪威的Statqord、Gullfaks油田预计采收率分别达到68%和65%。

中国石油所属油田开发已经走过了50多年的辉煌历程，积累了雄厚的技术和丰富的管理经验。中国石油上市以来，加大了对老油田的研究与矿场试验工作力度。目前，砂岩油田注水开发技术具有世界先进水平，聚合物驱技术世界领先，深层稠油油田热力开采技术跨入世界先进行列，低渗透油田开发配套技术处于世界前沿。辽河、玉门、吉林、克拉玛依等油田在二次开发的探索与尝试中，不仅原油产量稳中有升，“十一五”以来，在油藏地质、钻采工艺、地面系统等方面，也形成了一批具有特色的油田开发配套技术。这些进展使得二次开发在理论、技术、实践等方面具备了一定的基础。

2.2.1 高含水期仍是重要的开发阶段

虽然相当多的油田已进入“双高”阶段，但处于该开发阶段的油田对产量和储量的贡献仍非常大。目前，中国石油 79% 的产量仍由“双高”油田生产，其剩余可采储量占总剩余可采储量的 73%。生产实践表明，中国东部油田大约 50% ~ 70% 的可采储量在高含水和特高含水期采出。

2.2.2 水驱采收率可进一步提高

目前，中国石油油田标定采收率为 33.6% ，平均驱油效率为 56%，平均波及系数为 60%。驱油效率的主要影响因素有油水黏度比、孔隙结构和润湿性等。通常认为水驱油效率变化不大，但近来大量实际资料表明，水驱油效率随着注水倍数的增加而增加。大港油田东检 3 井 1982 年含水率 84%，驱油效率 57%；2004 年同一区块的东检 5 井含水率 92%，驱油效率达 76%，矿场取心分析证实，驱油效率可达 60% ~ 80%。波及系数的主要影响因素有平面非均质性、层间非均质性、油水流度比、油水井的完善程度、开发井网和注采技术等。据统计，目前中国石油所属老油田平均波及系数为 60%，通过水平井等注采方式进一步提高波及系数的潜力很大。因此，大幅度提高采收率仍有较大的空间。

2.2.3 形成了一批具有特色的油田开发配套技术

“十一五”以来，中国石油在油藏地质、钻采工艺、地面系统等研究方面，形成了一批具有特色的油田开发配套技术。

2.2.3.1 油藏精细描述与数字化油藏模型

2004 年以来，利用地震、钻井、测井、动态监测和生产数据，借助计算机平台和专业软件，开展了大规模精细油藏描述，共描述地质储量 81×10^8t，占已开发储量的 62%，形成了数字化油藏模型。

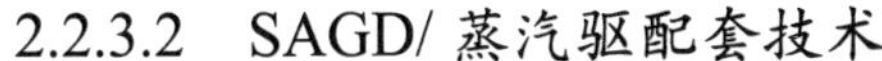

2.2.3.2 SAGD/蒸汽驱配套技术

蒸汽辅助重力泄油 (SAGD) 技术采用直井与水平井组合开采方式，已形成了物理模拟、数值模拟、钻完井、高干度注汽及分配计量、大排量举升、动态调控、数据实时采集等配套技术。蒸汽驱形成了油藏工程优化设计与调控、低压油层保护、分层配注、高温测试、高温产出液处理等配套技术。SAGD / 蒸汽驱配套技术在辽河油田取得了极大的成功，单从油井深度而言，SAGD / 蒸汽驱许多配套技术具有原创性质。辽河油田通过应用 SAGD / 蒸汽驱和水平井技术，基本实现了稳产。辽河油田齐 40 块整体转蒸汽驱，可提高采收率 23.7%，蒸汽吞吐 + 蒸汽驱最终采收率达到 50% 以上；曙一区整体转 SAGD 后，提高采收率 30%，蒸汽吞吐 +SAGD 的最终采收率达到 52.8%。

2.2.3.3 水平井开发技术

在水平井开发技术方面发展了常规水平井、侧钻水平井、鱼骨刺井、多底井、多分支井、阶梯状水平井等，初步形成了水平井地质设计、工程设计 (井眼轨迹控制)、储集层保护 (零伤害完井液)、举升工艺、后期生产监测、装备仪器等配套技术，涵盖了稠油、边底水、薄层、低渗透、裂缝性等油藏类型。目前，水平井年钻井可达 1000 多口，水平井技术在辽河、新疆、冀东等油田取得了长足的发展，为水平井推广起到了示范作用。

辽河新海 27、冀东庙浅、大港枣北和华北京 11 等 4 个区块规模应用水平井进行二次开发，共设计水平井 112 口、侧钻水平井 31 口，预计水驱采收率整体提高 7%。为高含水、濒临停产、低采油速度、高采收率基值油田进一步提高采收率指出了方向。

2.2.3.4 地面“优化简化”工艺技术

“优化简化”是指新油田优化、老油田简化地面工程系统。发展形成了一级布站、常温密闭输送、单井在线计量、自动控制等技术，实现了节能降耗、提高效率的目的，基本形成了适合老油田开发的地面工艺技术。大港油田实现了单井在线计量，为优化、简化和数字化油田的构建奠定了基础；新疆油田应用单井两相流量计量技术，取消了计量站，实现了一级半布站；大港港西集输系统改造后，吨油能耗由 2040MJ 下降到 1830MJ，集输系统效率由 45.8% 上升到 63.6%，注水系统效率由 41.3% 提高到 56.2%。长庆西峰和大庆喇嘛甸、辽河兴隆台等油田也都积累了宝贵的“优化简化”经验。

2.2.4 二次开发的初步实践

原油采收率除受油藏地质特点及流体性质影响之外，还与油藏认识程度和所采取的技术手段密切相关。近年来，随着石油科学技术的快速发展，油藏认识手段和开发技术水平有了长足的进步，可以更好地适应油藏的地质特点和油水关系的变化，有效挖掘油田潜力，进一步提高水驱采收率。

吉林扶余油田整体调整效果显著。该油田开发 40 多年，存在着井网不完善、井况差、注水状况差、地面不适应等四大主要矛盾，年产量从 1984 年的 102.7×10^4t 降到 2003 年的 65×10^4t。在经过三维地震与精细油藏描述、转换井网形式、完善注采关系、加强注水提高动态分水率、加大堵水调剖、采用一级半 / 二级布站和常温输送等措施进行整体调整后，年产量达到 100×10^4t 以上，采收率提高 5% ～ 8%，吨油能耗由 4029MJ 降到 1548MJ。二次开发使吉林油田重新焕发青春。

一批高水平开发单元水驱采收率已超过 50%，这充分说明了二次开发提高采收率的潜力巨大。新疆克拉玛依油田已开发 50 多年，采用二次开发的思路，对准噶尔盆地西北缘老油田地下状况重新认识，采取完善井网等一系列措施，原油产量可达 400×10^4t。油田二次水驱开发，采收率将提高 8%，扭转了老油田产量递减趋势。

3 老油田二次开发的技术思路

二次开发是系统工程，其核心是高水平的油藏管理和新二次采油技术。其技术思路概括为“三重”，即重构地下认识体系、重建井网结构和重组地面工艺流程。新二次采油技术是常规二次采油技术的集成应用和发展，是介于二次采油与三次采油之间的技术。

3.1 重构地下认识体系

采用高分辨率三维地震技术、高精度动态监测技术、精细油藏描述技术和储集层结构精细刻画技术等时要大胆淘汰过去一些无价值的老资料，避免老资料的不准确性影响二次开发技术决策的准确度。重新认识储集层和油层，查明剩余油分布，并采用网络化、信息化技术自动存取数据，方案自动生成，建成数字化油田，努力实现全程实时自动化跟踪与控制。

3.2　重建井网结构

改变传统的直井井网结构，以丛式井、水平井、多分支水平井、多底井、平台式水平井等为主要开发井型，同时，根据井身结构条件，淘汰一批维护成本高的老井，特别是维护成本大于原油生产价值的井，原则上整体部署新井网，能利用的井则加以利用，不能利用的则弃置，从根本上形成二次开发的新井网。对具备条件的油藏纵向上层系细分重组，平面上井网加密，完善注采系统，改善水驱效果。

3.3　重组地面工艺流程

在新井网条件下，为优化简化地面流程创造条件，根据高含水油田开发特点，以丛式钻井和平台式、集约式布井为基础，简化和优化地面工艺流程，坚定不移地推行一级或者一级半布站，短流程，常温输送，扩大冷输半径，形成泵对泵工艺流程，淘汰能耗高、效率低的地面设施，达到“四新、三高、三全、一循环”的目标，真正实现油田地面设施在低能耗、低成本和高度自动化环境下运行。“四新”指二次开发中要充分应用新材料、新工艺、新技术、新设备；“三高”指淘汰以前高能耗、低效率的加热炉、抽油泵和输油泵，改用高效加热炉、高效抽油泵和高效输油泵；“三全”指地面管线流程全密闭，产生的废气、污水等全部处理，并全部合理利用，达到环保要求；“一循环”是指油田生产实现安全环保的“循环经济”。

4　老油田二次开发的目标及重点部署

4.1　目标

截至2006年底，中国石油累计探明石油储量167×10^8t，动用储量130×10^8t，已累计产油32.4×10^8t。可采储量43.8×10^8t，平均采收率为33.6%。

大量的研究和实践表明：目前的采收率具有提高 10% ~ 20% 的潜力空间。老油田二次开发的目标就是大幅度提高采收率，以目前采收率 34% 为基准值，一般油田目标采收率达到 44% ~ 49%，中高渗透等特殊油田目标采收率达到 50% ~ 55%。就目前情况看，最终采收率达到 50% 是可以实现的，对于一些条件较好的油田，采收率的提高幅度将更大。

4.2 重点部署

二次开发是一项全新的系统工程，开发对象复杂，剩余油整体分散、局部富集，油水关系复杂；井眼轨迹优化、控制难度大，钻井工艺复杂；稳产和生产调控技术难度大；新体系需建立，老体系要调整，一次性投入大，存在一定的技术经济风险。为了最大限度地降低二次开发的技术经济风险，按照“整体部署，分步实施，试点先行”的原则，首先针对不同油藏类型做好“三项技术示范”，组织“五项攻关研究”，“六个试点工程”，开展“六项重大开发试验”，确保二次开发高效、有序进行，取得明显的效果与效益。

“三项技术示范”即大庆长垣新三维地震数据体技术示范、大庆多学科一体化地质研究技术示范和冀东南堡陆地地面系统整体优化技术示范。

“五项攻关研究”是指精准剩余油分布新模板研究、数字化油田资料自动录入及方案自动生成研究、注采工艺配套技术研究、采收率标定新方法研究、全新地面工艺流程研究。五项攻关研究的开展将有效解决二次开发中遇到的技术难点，为二次开发的顺利进行提供技术支撑。

“六个试点工程”指辽河稠油转换开发方式工程、克拉玛依西北缘砾岩油田工程、冀东南堡陆地复杂断块油田开发工程、玉门老君庙及鸭儿峡低渗透油田开发工程、大港西中高渗油田开发工程和吉林扶余低渗透油田开发工程。六个试点工程提高采收率 9.8%。

“六项重大开发试验”是指大庆长垣三次采油结束后二次开发提高采收率试验、辽河稠油Ⅱ Ⅲ类油藏蒸汽驱 /SAGD 试验、冀东南堡陆地油田循环经济模式试验、大庆特低渗油田注 CO_2 提高采收率试验、吉林特低渗油田注 CO_2 提高采收率试验和玉门老君庙及鸭儿峡提高采收率试验。六项重大开发试验将探索与验证不同类型油藏进一步提高采收率的方法与方式，发展配套技术，为其他油田的二次开发指明方向。该试验进行两年多来，已经取得多项技术突破，对油田开发起到了巨大的推动作用。

5 结论

室内研究和现场试验表明，老油田依然潜力巨大，中国石油原油采收率具有提高 10% ~ 20% 的空间。老油田二次开发的主要技术路线是重构地下认识体系，重建井网结构和重组地面工艺流程。二次开发是一项艰巨复杂的系统工程，要按照“整体部署，分步实施，试点先行”的原则高效、有序进行，以降低经济技术风险，提高油田开发的效果与效益。

总之，中国石油老油田开发潜力巨大，目前的开发形势决定了老油田必须实施二次开发。二次开发前景广阔、意义重大，它将从根本上改变地下自然资源的利用和获取程度，最大限度地实现中国石油资源可持续发展，保障国家石油安全。

参 考 文 献

[1] 宋秋生，张劲松．罗马什金油田的二次开发 [J]．国外油田工程，2001，17 (6)：31−35.

[2] 陈琳风．Ebughu 油田的二次开发 [J]．国外油田工程，2003，19 (4)：13−14.

[3] 高贵生．Usari 油田 BQI 重油油藏的二次开发 [J]．国外石油动态，2007，(8)：14　17.

[4] 缪明才．马格尤期油田的二次开发和管理 [J]．石油勘探开发情报，1999，(4)：42−44.

[5] Mitra N K．Re-engineering of Mumbai High[A]．SPE 103763，2006.

[6] 司勇．高含水普通稠油油藏二次开发研究 [J]．特种油气藏，2007，14(3)：59−61,65.

[7] Cimic M．Russian mature fields redevelopment[A].102123，2006.

[8] Cuauro A.Ali M I，Jadid M B.et a1．An approach for production

enhancement opportunities in a Brownfield redevelopment plan[A]. SPE 101491, 2006.

[9] Wongnapapisan B, Flew S, Boyd F, et al. Optimising Brown Field redevelopment options using a decision risk assessment: Case Study-Bokor Field, Malaysia[A]. SPE 87047, 2004.

[10] Flew S, Mulcahy M, Stelzer H, et a1. Bokor Field redevelopment : A Brown Field integrated modeling workflow case study [A]. SPE 87043, 2004.

[11] Agbon I S, Aldana G J, Araque J C.et a1. Resolving uncertainties in historical data and the redevelopment of mature fields[A]. SPE 81101, 2003.

[12] Kessel O V. Champion East : Low-cost redevelopment of shallow, stacked, and faulted heavy-oil reservoirs[A]. SPE 78674. 2000.

[13] Boge R, Lien S K, Gjesdal A, et a1. Turning a north sea oil giant into a gas field : Depressurization of the Statfjord field[A]. SPE 96403, 2005.

[14] 甘利灯，姚逢昌，杜文辉，等. 水驱油藏四维地震技术 [J]. 石油勘探与开发，2007，34(4) : 437−444.

[15] 相建民. 塔里木油田水平井高效开发技术 [J]. 石油勘探与开发，2006，33(6) : 722−728.

[16] 周英杰. 埕岛油田提高水驱采收率对策研究 [J]. 石油勘探与开发，2007，34(4) : 465−469.

[17] 赵文智，胡永乐，罗凯. 边际油田开发技术现状、挑战与对策 [J]. 石油勘探与开发，2006，33(4) : 393−398.

[18] 刘尚奇，王晓春，高永荣，等. 超稠油油藏直井与水平井组合 SAGD 技术研究 [J]. 石油勘探与开发，2007，34(2) : 234−238.

[19] 周海民，常学军，郝建明，等. 冀东油田复杂断块油藏水平井开发技术与实践 [J]. 石油勘探与开发，2006，33(5) : 622−629.

新闻链接 1

新疆油田“三重”路线夯实老油田稳产基础

油田二次开发新建产能 68 万多吨

截至目前，新疆油田公司二次开发工程已完钻 913 口井，新建产能 68.81 万吨。

在 2 月 17 至 18 日召开的西北地区二次开发工作会议上，勘探与生产分公司副总经理何江川表示，二次开发是老油田稳产的基础，需要持久深入地开展下去，并通过实施“三重”技术路线，实现老油田低成本、高效开发。

“三重”技术路线为重构地下认识体系、重建井网结构、重组地面工艺流程。两年来，油田公司按照这一路线，对二次开发试点工程区块、530 井区以及一东区实施地上地下全面调整，取得了初步成效，进一步夯实了老油田稳产基础。

去年，油田公司优选六中区、七中区和七东区作为试点区块，启动二次开发试点工程，共完钻调整井 265 口，水平井 33 口，建产能 18.638 万吨。预计全面实施后，水驱采收率由 33.5% 提高到 44.3%，可提高 10.8%。

试点工程启动后，油田公司采用水平井联合直井开采的方式，试点区块日产油水平由调整前的 260 吨，提高到 900 吨；单井日产油由 2.3 吨提高到 4.4 吨，含水率由 83% 下降到 67%，其中，水平井日产油 8.2 吨，含水达 30.7%。

据悉，在推进二次开发过程中，油田公司取得了一批地质认识、关键技术及配套技术。

在重构地下认识体系方面，形成了水淹层解释技术、调剖与深部液流改向技术等；在重建井网结构方面，形成了适应砾岩油藏剩余油分布特点的“立体井网重组”技术，试点工程应用该技术，使剩余油挖掘获得突破；在重组地面工艺流程方面，形成了地面优化简化配套技术。

消息来源：中国石油网 2009-03-13

新闻链接 2

新疆油田二次开发初具规模

经过两年的实施，新疆油田公司二次开发工程目前已初具规模。截至 3 月 1 日，已完钻二次开发井 1057 口，建产能 84.62 万吨，平均单井日产油 3.87 吨，含水 68%。同时，基本形成克拉玛依砾岩油藏储层砂体构型描述、水淹层解释、剩余油评价、井网重组等系列配套技术。

新疆油田二次开发工程主要针对克拉玛依一区至九区侏罗系八道湾组、三叠系克拉玛依组和二叠系乌尔禾组水驱开发砾岩油藏，动用地质储量 5.02 亿吨。

今年，新疆油田将在二次开发试验区进一步优化层系井网，实施深部调驱试验，完善二次开发配套技术。二次开发工程将在新疆油田 7 个区块部署 217 口井，建产能 24.96 万吨。

消息来源：中国石油网 2010-03-03

在中国石油二次开发现场会（辽河油田）上的讲话（2008年3月24日）

我讲四方面的意见。

第一，先说明两点。

(1) 二次开发。二次开发是中国石油高层领导在把握了中国石油总的发展趋势后提出来的。二次开发不是我提出来的。追溯二次开发的起源，1994年韩大匡院士在一篇论文上提出过“深度开发”。大庆许多提高采收率的做法都具有二次开发的性质。近年来，最早提出二次开发的是玉门油田，接下来，新疆在一次上传报告上提过二次开发，蒋洁敏总经理第一次在那个报告上做了批示。接下来，辽河明确提出二次开发，而且形成了一套完整的技术、对策和规划。另外，最有分量的关于二次开发的阐述就是韩大匡院士给蒋洁敏总经理写的关于二次开发提高采收率的报告。蒋洁敏总经理在这个报告上做了深刻的批示——“是开发史上的一次革命，是一项系统工程”，把二次开发推到了一定高度。所以说，关于二次开发，我不敢随便提这样的事情。因为中国石油很大，油田开发方面的人才很多，如果对一些问题没有深入把握的话，是不敢轻易提一些看法的。

关于“三重”的技术路线，也不完全是我提出来的。第一重即“重构”，2006年温家宝总理在大庆审定“大庆百年发展规划”的时候，蒋洁敏总经理提前一天到大庆。在现场参观的车上，他跟我和王玉普谈话时，明确说出了这句话——“重构地下新的认识体系”，而且是蒋洁敏总经理的原话。另外两重，应该说是我跟王元基同志、宋新民同志、刘玉章同志，还有研究院的一些所长共同组合的结果，所以说，把“三重”归到某一个人的头上也是不合适的。

我为什么说这些话呢？这是因为，这些观点的形成有一个历史过程，有一个时机问题，是集体对一个问题的把握，不是哪一个人就能把这个问题很准确地提出来。

(2) 二次开发工作。就二次开发的工作而言，今年的工作重点是六项工程试点。我原先称其为“三大三小”，那是根据规模而定的，其实还是六项工程。六项工程试点，是今年的重点。涉及六项工程的油田，一定要把这六项工程抓好。其他油田在二次开发上不能急于推开，要按何江川布置的工作计划做好前期准备工作，比如资源的评估、方案的预设计、技术的储备等。因为没有试点上成功的经验或试点上规模成功的经验，不能轻易把二次开发在老油田上全面覆盖。目前，在对二次开发的理解上也有区别。有些不具备二次开发条件的做法也称为二次开发，这是不合适的，因为二次开发的定义和界定条件是很严格、很明白的。这次会议虽然是二次开发的现场会，但并不意味着会后每个油田都要把二次开发搞起来。各个油田会后要认认真真地把自己的正常工作抓起来。二次开发的工作，除了六个油田的这六项工程外，今年其他各油田就是做些准备工作，为下一步做准备。条件成熟一个、具备一个，再搞一个，不能匆忙行事。从这个角度讲，二次开发在试验没有成功以前，不一定适应于各个油田的实际情况。各油田有各油田的开发实际情况，要因油田而宜，不搞一刀切。

我下面要说一下我在长庆的时候为什么提出过“三重”，其中“一重”就是“重新认识长庆的低渗透”，为什么提的不是低渗透而是长庆的低渗透？目的就是与其他油田的低渗透区别开。长庆低渗透的一套做法不一定完全适用于其他油田的低渗透，这也就是“低渗透”前面为什么一定要加上“长庆”的原因。所以说，每个油田的地质条件是不同的，开发的技术对策也是不一样的，套用同一个模式的做法都是不可取的。可以说，在中国石油找不同地质条件的油田比比皆是，但是要找相同的油田几乎找不到。正是因为这样一个现实，所以要针对不同的油田采取不同的对策。

这次现场会，可能有些同志会说，“我们油田里是稀油，我们油田是常规油田，而辽河是超稠油、高凝油，到辽河开现场会对我们有什么启发？”到辽河开现场会，就是要学习辽河二次开发的思路，学习辽河的二次开发做法，学习辽河推进技术进步的精神。我曾经在一次会上讲过，要对不同的油田采取不同的对策。毛主席曾经有一段话说得很清楚，我是第二次讲了，战争规律，是不分正义与非正义的；革命战争规律与战争规律的意义就大不一样了，它有正义性；中国革命战争规律与革命战争规律又不一样了。所以说不同油田的二次开发一定要有不同的对策、不同的思路，只有这样才能有的放矢。因此，我今天说的第二点就是二次开发一定不能一哄而起，搞一刀切，一定要实事求是。

第二点意见，辽河油田现场的感受。我提前来了一天，看了辽河的齐 40 蒸汽驱试验，看了杜 84 区块的重力泄油试验。昨天下午跟大家一块看了新海 27 示范区块，又听了辽河的两个非常精彩的报告和北京勘探开发研究院的报告，特别是今天听了韩大匡院士对二次开发理念、对策、技术思路和建议的深刻论述，使我本人很受启发，更受教育。我对辽河的这次现场会有这样一个印象：老油田二次开发潜力巨大，老油田是“宝”，老油田“宝刀不老”。为什这样说呢？下面这些数据可以说明：辽河蒸汽驱的采收率达 54.9%，而且用任芳祥（辽河油田副总经理）的话说，采收率还能再提高；重力泄油的采收率达 60%；新海水平井把采收率由 15% 提高到 31%，当满足条件的时候，把水平井改为蒸汽驱，采收率在 31% 的基础上再翻一番达 60%；辽河关于二次开发稠油的室内试验，单水平井蒸汽驱采收率可以达到 75%，双水平井蒸汽驱采收率可以达到 80%，这些都是真真实实的现场或室内试验数据，应该说这些数据都是可信的。辽河做的二次开发的规划方案去年经过审定，这次任芳祥在他的报告中说，如果把规划中的措施全部实施到位或大部分实施到位，辽河的可采储量将增加 2.4×10^8t。那天在欢喜岭采油厂给谢文彦总经理提了一个建议——“把 1200×10^4t 的稳产规划再升华，把二类、三类储量、稀油储量、低渗透储量、未动用储量及其他一些储量统统纳入这个规划，然后再进一步完善这个规划”。规划完善后增加的可采储量不止 2.4×10^8t。这 2.4×10^8t 不是技术可采储量而是经济可采储量。就这 2.4×10^8t 而言，勘探上有个时髦的叫法——“亿吨级油田”，现在“亿吨级”变成名词了，这在石油界几乎人人皆知。而辽河增加的这

2.4×10^8t 可采储量相对于 12 个“亿吨级”。现在找到的一个“亿吨级”油田，一次井网的采收率充其量是 20%。如果说一个“亿吨级”油田有 2000×10^4t 可采储量的话，那么这 2.4×10^8t 就相当于 12 个“亿吨级”。辽河勘探的同志也不要自悲，盆地就这么大，范围受限制，勘探成熟度高，找“亿吨级”也可能难，但把重点放在采收率的提高上就是再找“亿吨级”油田。2.4×10^8t 就是 12 个“亿吨级”。如果把这 12 个“亿吨级”转变成勘探话题的话，在中国产生的反响不亚于南堡油田。开发上做的事情往往没有勘探上做的事情产生的影响大，因为开发上做的工作可能要几年才能产生效果，不容易被人们上升到一个很高的层次来看这个问题。但辽河这 2.4×10^8t 的方案就是 12 个亿吨级。再展开来说 2.4×10^8t，勘探与生产分公司在正常好的年景，每年找到的探明储量也就 5×10^8t，也就是 1×10^8t 可采储量。所以辽河的这 2.4×10^8t 就相对于勘探与生产分公司 2.5 年的勘探工作量。另外，这 2.4×10^8t 把辽河的储采比真正地延伸了 22 年，这个意义是非常大的。总之，这些数据可以说明一个问题，技术进步和开发重大试验对老油田二次开发起着根本性的作用，其他任何办法或做法都无法替代。我们现在搞开发，就是吃技术饭。本质上讲，老油田二次开发就是打技术仗，没有其他捷径可走，辽河的现场实践就说明了这一点。

我刚才讲的是老油田潜力巨大，老油田是“宝”，老油田“宝刀不老”。但是，要看到进行二次开发的难度，实施起来并不是那么容易，见到规模效益就更难了。现在有个初步的“中国石油二次开发规划”，但这是个纲领性的，要做到像辽河油田这一步，其他油田还有很有很长的路要走。辽河现在还没有成批成规模地实施，可能今年或明年开始。仅就辽河的蒸汽驱这一项试验，试验时间长达 13 年。13 年说明了什么？说明了任何一项技术从攻关到成熟不是那么容易的。13 年的不断积累，重要的是最近两、三年这项技术得到突飞猛进的集成，才使蒸汽驱真正实施起来。所以说，不能把开发上所做的事情看得太简单、太容易，如果看得太简单、太容易，根据我的体会，就不被人们所重视，就会被人们小视，也就不会被人们把这项工作作为一项重点工作进行推进。因此，开发上的难度是实实在在存在的，目前能做到这一步的，可能也只有大庆、辽河、玉门和克拉玛依。为什么这几个油田能做到呢？因为他们勘探发现的储量不足以解决完成产量的问题，更不足以满足产量增长的要求。这些油田是置之死地而后生，其他油田不管怎么样，每年还有新场面，还有新储量、新油田投入开发，而这几个油田几乎没有新储量。大庆油田每年也找一些新储量，但那些储量相对大庆而言，相对大庆要维持 4000×10^4t 的产量而言，是微乎其微的，而且很多找到的储量还一时动用不起来，就是想动用起来，由于技术不过关，还只能放在那里进行研究。这也就是为什么也只有大庆、辽河、玉门和克拉玛依才能把老油田开发实施起来。应该说这些油田进行二次开发，从勘探、开发整体的角度讲，是没有办法的办法。试想，如果每年有新油田投入开发，谁会花费这么大气力做这个事情呢？成本又高、投资又多、牵涉的人力又多，这是一个短时期难以奏效的办法。不下大气力，不动真本事是做不到的，也不是所有油田都能做到的。在辽河学习，要学习它的精神，它的思路，它的方法，它成功的技术，它成功的技术路线，这是本次现场会最主要的方面。辽河油田搞的是稠油，你若不搞稠油，他稠油的那一套东西你也没有用，但辽河的精神、思路、方法、技术、技术路线，是绝对值得我们学习的。

第三点意见，接着韩大匡院士，我讲一下开发的价值观和基本理念。

何谓开发价值观？何谓价值观？价值观在《辞海》中的解释是“对政治、经济、金钱等总的把握和总的看法”，演绎一下，油田开发的价值观就是对油田开发、建设、生产、调整等总的把握和总的看法，包括一次采油、二次采油和三次采油，包括加密调整，包括储采关系调整，包括老油田二次开发。对这些都要有个总的把握，总的把握就是对一个问题的态度，这个态度就反应了我们的价值观。经过研究后认为开发的价值观就 7 个字：经济、有效、采收率。

经济是指不论方案、技术措施还是实施效果，都要有一个合理的经济界限。能不能实施，关键在于经济界限。我刚才为什么说技术可采储量和经济可采储量是不一样的？有些技术可采储量可能成本高，但经济可采储量按照现在的技术开发是绝对有效益的。在多年与国际石油公司的接触中，他们在经济界限方面给我的印象很深。在国内区块开发，这几年中国石油与国外公司的合作发展比较快。我们有与壳牌、道达尔、雪佛龙、康菲的合作，这些都是世界著名的大公司，我们选择他们进行中国石油陆上开放区块的勘探或开发就把握一个经济界限。而公司管理层紧紧把握这个经济界限，符合我们这个经济界限的方案才选择，不符合经济界限的方案就被淘汰。所以我们搞开发要牢牢把握经济界限这一条，据此判断方案的优劣、可用与不可用。应该说这是一条红线，是纲，我们总不能做赔本的买卖。众所周知，企业是一个经济组织，不是一个政治组织，更不是一个慈善组织，它所做的一切都要有经济效益。更确切地说，开发人的本事，第一步就是要把地质储量转化为技术可采储量，第二步再把技术可采储量转变成经济可采储量。这就是为什么开发价值观的第一条是经济，我们所做的开发方案无论如何都要讲经济。

有效是指各种方案、实施的各项技术都要建立在有效这一原则上。举一下辽河的例子，为什么辽河的蒸汽驱就能成功？为什么 SAGD 也成功了？为什么新海 27 示范区块也成功了？为什么水平井在辽河也成功了？像新海 27 这样的示范区一共有 4 个项目，有些油田是时间还没到，不能说是失败了，但辽河至少是在新海 27 区块率先成功了。这 4 个示范区是蒋洁敏总经理亲自定的，辽河油田率先成功了，冀东、华北、大港可能紧接着会成功，但也是今年的事情。这几年强力推进水平井，辽河后来者居上，水平井搞得是最好的。不论从水平井实施的规模还是效果，现在辽河坐的是第一把交椅，搞得比较好。反思一下，为什么辽河油田这些事情能够成功呢？这些成功体现在有效上，但更重要的原因，初步地讲，辽河的人是很有能力的，辽河的组织体系是有保障的。EPC 模式是推进重大试验和技术攻关最有效的组织形式，它与我们以前进行技术攻关最大的区别在于，我们以前是领导小组人很多，“挂帅不出征”的人很多，报奖的时候这些人都在前面，而干活的人都在后面甚至上不了名单。这种状况下组织技术攻关往往成功不了，而辽河组织攻关从开始到结束都是 EPC 模式。这次去齐 40 和杜 84 去参观，都是他们的项目经理在介绍情况，技术专家在项目里面起了非常重要的作用。辽河有一批人才，相信每个油田都有一批人才，这批人才 + 领导的全力支持 + 组织的有效，使辽河这几项技术在同类情况下率先成功，这值得我们深深的思考。何江川会后要组织总结辽河成功的经验。这跟一把手的关系很大，这个一把手不用我说大家都知道是谁（谢文彦），与任芳祥的关系也很大，辽河开发处、辽河勘探开发研究院、辽河钻采工艺研究院的作用也很大。我在现场感觉到他们在技术方面是一个整体的团队，把有效性体现得特别充分。我们做任何事情都不希望做无用功，都不希望大面积的失败。有时失败是不可避免的，但也不能大面积的失败。也不能事情没干成，过去几年后才明白过来，这有时就划不来。这几个油田如大庆、玉门、辽河几乎没有退路，只有在这方面去下功夫。因此，任何一项工作，从一开始就要考虑它的有效性，这就是有效。

第三个词是采收率。采收率是开发的根本所在，这是大家都非常清楚的。除此之外，开发没有第二个目的。开发在某一个阶段可能有某个重点，但归结起来就是采收率。人们都说，采收率是永恒的主题，这话没有错。但今天要补充一句，采收率也是开发最大的难题。采收率既是永恒的主题，也是最大的难题。要想把采收率提高一步，难度很大呀。要像辽河这样大幅度地通过 SAGD 一下子把采收率提高 30 个百分点，我跟 BP、跟壳牌公司的开发副总裁谈了后，他们都大吃一惊——“有这么高的技术”。任芳祥和周鹰在报告的时候，我觉得你们把这几项技术的地位提得不高。我跟韩大匡院士在下面交换意见后认为在国内肯定是领先的，独一无二的，是其他油田无法取代的，就看下一步杨学文在克拉玛依能否取而代之。目前情况下，克拉玛依还取代不了辽河油田，辽河在国内是第一把交椅，在行业内是领袖地位，在国际上用韩大匡院士的话说是“先进行列”。我上一次曾经讲过，仅就蒸汽驱、SAGD 的深度而言，在国际上没有几家能达到这个深度。因此，辽河在技术角度上是带有原创性的，辽河在介绍这项技术的时候，把技术的地位说得比较谦虚，当然他们自己不好意思介绍，但实际效果达到了。

采收率是最大的难题，油田的开发水平最终都要体现在采收率上。韩大匡院士最近给我一本书，上面有 9 篇论文，都是围绕采收率而谈的。我跟王元基、何江川商量后出版，给开发上感兴趣的工程技术人员每人一本。此书在 1987 年、1994 年就对老油田如何开发有深刻的阐述。开发最终都要体现在采收率上，中国石油的平均采收率去年是 33.6%，除去大庆外，其他油田的采收率平均是 25.5%。辽河目前的采收率是 24.5%，比全国平均水平低一个百分点，如果二次开发实施到位，采收率将达到 45% 以上。大庆油田目前的平均采收率是

47%，主力油田是56%。我总能听到一些人说大庆的这个采收率没有算上表外储量，这种说法是错的。大庆在1999年重组上市时候，把表外储量统统算成可采储量，所以说大庆的采收率是实实在在的。我还叫人把这个事情核实了一下，就是算进去了。玉门老君庙采收率是45.9%。所以说，油田开发的出发点和落脚点就是采收率，要在提高采收率上下功夫。这可能是老生常谈，人人都明白，但我在这里还要讲一下。

接下来说说开发的基本理念。在跟王元基、宋新民、还有北京勘探开发研究院的其他一些同志交换意见后认为，开发的基本理念就是“挑战极限，科学开发”。为什么要说“挑战极限”呢？挑战极限说明有难度。地球上有哪些极限？高山缺氧、深海高压、沙漠高温还有北极南极的寒冷，这些算是极限。我们现在做的老油田的开发和一些新油田的开发都算是挑战极限的工作。当时提出挑战极限，有些人说提得太高了，这些怎么能算挑战极限呢？我下面举一些例子，大家看看是不是在挑战极限。别人可能不知我们是在挑战极限，我们自己首先要判断我们的工作是不是在挑战极限。刚才韩大匡院士讲老油田的双高——可采储量的采出程度73.9%、含水84.9%，一些主力油田含水都90%～95%，“多井低产”，大庆明年要维持4000×10^4t据说要打10000口井，算不算极限？新储量或新油田70%以上都是低渗透或特低渗透，也就是低品位、低丰度，有些丰度不足20×10^4t/km^2，而开发这些油田即使是新油田，算不算挑战极限？大庆三元复合驱世界上独一无二，聚合物驱后采收率达到56%了还要实施二次开发，扶杨油层又薄又难开发，这些算不算挑战极限？吉林的单井产量是13个油气田公司中最低的，而且每年还要上产，算不算挑战极限？辽河的蒸汽驱、SAGD，辽河的特稠油、高凝油，我们现场看到的，是不是挑战极限？冀东新油田新井一投产就是高含水，有些井一投产含水就高达75%，算不算挑战极限？华北油田日产1000t的井高速开采后就不怎么出油了，现在仍在采，算不算挑战极限？长庆的苏里格致密砂岩油田大面积分布，单井产量就10000m^{3}这么低，而实施有效开发后今年建成80×10^8m^{3}的产能，明年建成100×10^8m^3，规划的是200×10^8m^3，这些算不算挑战极限？这样的气田中国开发过吗？没开发过。长庆在0.5mD攻关成功后现在正在进行0.3mD的攻关，算不算挑战极限？四川的高酸性气田，每立方米气 H_2S 含量高达 300 ~ 400g，气体冒出来以后，除了羊不死之外，其他动物都死。这种高酸性气田在中国还没有大面积成规模地开发过，现在川东北、龙岗都是这种类型的气田，而且规模还很大。塔里木的高温、高压、超深，算不算挑战极限？还有新疆的砾岩和发现的火成岩，玉门油田已经开发了 70 年了还要焕发青春，青海的桶式油气田、吐哈的三塘湖，我认为统统是在挑战极限，这些都是极难的开发对象。如果我有韩大匡院士那么专业的话，深入到微观领域再谈的话，我认为可能比这个极限还要极限。做出岩心薄片后再看孔隙结构，那可能更极限了，长庆油气流动都遵守非达西定律。面对如此复杂而难度极高的开发对象，必须要有科学的思维方式、科学的部署、科学的技术路线。辽河的技术路线就是正确的，就是科学的。辽河的蒸汽驱、SAGD、水平井，还有昨天介绍的火驱、化学驱都见到了效果，就不失为科学的技术路线。只有方案见到效果，技术路线才算是科学的。

二次开发的技术路线，目前大家已经基本认可，简单地理解的话，地下就是“重构”，井筒、井网就是“重建”，地面就是“重组”。不要害怕“重建”，20 世纪六七十年代建设的井网早就该淘汰了。一个人都有死的可能，为什么老想让一个油田、一口油井当“永动机”？为什么算油井数时总把老油井算在内？地下重构，井筒井网重建，地面重组，要毫不留情，坚定不移，该淘汰的淘汰，该弃置的弃置，要不然就不会出现一个全新的局面。假如说辽河现在把采收率由 24.5% 提高到 60%，这比原先的开发效果大多了，那么该不该把油田的水平提高一下？该不该使监测、控制等的自动化程度与国际上油田公司同步起来？现在技术进步那么快，我们不能总用过去传统的办法进行油田开发。从目前情况看，二次开发的技术路线是合理的。暂不说技术路线其他方面的好处，我仅举一个例子。在座的都知道，老油田向来没有人给投资、成本也很低，老油田积累的这些问题一直得不到投资来解决。而二次开发就给了这么一个机会，通过二次开发可以把老油田积累的问题一揽子解决。不能说是一劳永逸，但至少是有钱了，至少是有钱可以把老油田好好干一下了。一个汽车能开多少年？在座的领导可能换车换了五六台了吧，一个油田不重建一下能行吗？道理就是这样，通过二次开发，使老油田成为一个全新的油田，这是我们希望看到的。我在 2003 年陪刘宝和局长来辽河欢喜岭和曙光采油厂的时候，看到油田是破破烂烂的，心里寒酸得很。王春林当时介绍的时候说，大罐上了十几个补丁，管线破烂，让人看了难受。我 1978—1979 年来过欢喜岭采油厂，现在怎么这个样子。这次我看了看，情况就不一样了，让人看后心情都能好一些。

第四点意见，预言。二次开发如果在中石油获得成功，它将“改变开发的游戏规则”。这次没有时间详细阐述游戏规则从哪几个方面改变，有哪几个区别，因此我只简单说一下。大庆的开发实践、辽河的开发试验从某个角度说明我们的开发规则发生了变化。仔细想一想，辽河的蒸汽驱、SAGD 和水平井与我们传统的开发不一样了。我们是身在其中有时不觉察。如果你离开一段时间或只经历前一段而没经历后一段或反过来，你会觉得开发规则发生变化了。最大的区别就是二次开发定义上那句话——“当油田按照传统的开发方式已基本达到极限状态或接近弃置条件，对油田实行再造或再开发”。从采收率角度说，大家都认为国际上的平均采收率就 35%，现在一些地质条件好的油田采收率可以达到 60% 甚至 80%，这是不是在改变游戏规则？过去开发长庆安塞油田的时候，外国人评论说采收率只能达到 8% ~ 9%，最多到 13%。我们早就开发到 18%，后来王乃举局长看到注水效果好，认为采收率可以达到 23%，现在看来，低渗透油田的采收率也能提高到 30% 以上，这是不是在改变游戏规则？采收率提高到 80%，过去想都没想到的事情，这是不是在改变游戏规则？比喻一下二次开发，就像一个人把漂亮的瓷瓶打碎，再把它重新复原，这是一个多么难的过程，而这个过程就在于改变游戏规则，重新组合。辽河油田开始采取的蒸汽吞吐，现在采取的蒸汽驱和 SAGD，其技术路线和开采方式是完全不一样的。我的比喻不一定恰当，但实际就是如此。

中国石油到 2006 年总探明地质储量是 167×10^8t，不包括 2007 年的 6×10^8t。到 2006 年，共动用了 130×10^8t，而其中符合二次开发条件的有 55×10^8t，55×10^8t 中还包括大庆三元复合驱的储量，通过二次开发可增加可采储量 9.1×10^8t，约折合 71.45×10^8bbl。中国石油目前陆上日产量是 29×10^4t，约折合 228×10^4bbl/d，被 71.45×10^8bbl 一比，就是 3138d 。如果二次开发实现

后，相当于把中国石油的储采年限又延长了 8.6 年。我让人准确地按照国家目前的税收政策算了一笔帐，按油价 80 美元 /bbl 计，这 9.1×10^{8}t 的可采储量可实现产值 41608 亿人民币，为国家创造税收 18376 亿人民币。辽河目前所做的工作就在向这个方向努力。为什么要算这个帐呢？如果不实施二次开发或不实施与二次开发相近的一些开发，中国石油就可能没有这笔收入，国家也就没有这个收入。从创造产值、税收，解决职工就业和解决油田的生存角度讲，也是在改变游戏规则。

在一份资料上美国人也把它的老油田算了一笔账，美国人做事还是很认真的，这份资料也是很翔实的，数据是基本可信的。美国目前全国采收率平均是 33%，比中国石油低 2.5%，如果提高到 60%，地质条件好的油田采收率提高到 80%，仅美国加利福尼亚州、俄克拉何马州、伊利诺伊州等六大地区的评价结果表明，用新一代 CO_2-EOR 技术驱油，可增加技术可采储量 404×10^{8}bbl。如果将这一技术推广到全美国，有望使美国的技术可采储量增加 1600×10^{8}bbl，将大幅度提高采收率，将为美国经济发展带来巨大的利益。这是他们的原话。他们假设将 1600×10^{8}bbl 的技术可采储量的 1/2 转为经济可采储量，油价按 40 美元 /bbl，联邦政府和地方政府将分别增加税收 5600 亿美元和 2800 亿美元；如果油价按 80 美元 /bbl，联邦政府增加税收 11200 亿美元，地方政府增加的税收是 5600 亿美元。为此，美国人说“新一代的 CO_2-EOR 驱油技术将产生一个改变游戏规则的全新局面”。所以说我前面说的“改变游戏规则”不是我创造发明的，像这些事情我轻易不敢说。中国石油二次开发前景的确是美好的，但难度极大。

讲完了，谢谢大家！

在美国 IOR 国际会议上的发言（2008 年 6 月）

尊敬的主席先生，女士们，先生们，

早上好！

我发言的题目是老油田“二次开发”。

中国石油原油产量主要来自老油田。老油田剩余可采储量依然相当可观，潜力非常巨大。随着地下油气资源的不断开采，老油田数量越来越多，开发难度也越来越大，而三次采油适用范围有限，成本相对较高，为不断提高老油田采收率和开发水平，中国石油开始实施老油田“二次开发”工程。

所谓老油田二次开发，是指当油田按照传统方式开发基本达到极限状态或已接近弃置的条件时，采用全新的概念，应用新的二次采油技术，对老油田实施二次开发，重新构建油田新的开发体系实施再开发，大幅度提高油田最终采收率，最大限度地获取地下油气资源，实现安全、环保、节能、高效开发。

二次开发的基本条件，一是油田已服役年限大于 20 年；二是可采储量采出程度大于 70%以上；三是油田综合含水大于 85%以上。

二次开发的技术路线是重构地下新的认识体系，重建井网结构，重组地面工艺流程。

重构地下新的认识体系。主要包括采用精细三维地震技术、高精度动态监测技术（过套管电阻率测井、C/O 测井、PND 测井等）、精细油藏描述技术、储层精细刻画技术等，并淘汰一批老资料。深化油藏认识，搞清剩余油分布，采用网络化、信息化技术，自动录入资料数据，方案自动生成，建成数字化油田。

重建井网结构。主要内容是改变传统的直井井网结构，以丛式井、水平井、侧钻水平井、平台式水平井等为主要开发井型，对具备条件的油藏纵向上层系细分重组，平面上井网加密，完善注采系统，改善水驱效果。淘汰一批维护成本高的老井，原则上整体实施，能利用的井则利用、不能利用的则弃置。

重组地面工艺流程。根据高含水油田开发特点，以丛式钻井和平台式、集约式布井为基础，扩大水平井的规模应用，优化简化地面工艺流程，采用一级或一级半布站，以短流程、常温输送，扩大冷输半径，利用泵对泵工艺流程，淘汰能耗高、效率低的地面设施。真正实现油田地面设施高度自动化。

“二次开发”与传统的开发相比，其最大难点，就是要面对已开发了20年以上的老油田，油田剩余油高度分散，油水关系极其复杂，总体上表现出“两低”、“双高”和“多井低产”的特点。“两低”是指“新增储量的低渗透、品位的低丰度”。“双高”是指“高含水、高采出程度”。“多井低产”是指“油井总数逐年大幅度增加，单井平均日产逐年下降”。面对如此复杂的开发对象，只有不断设定采收率新的工作目标，依托先进的开发工程技术，敢于否定过去，对老油田进行全方位、系统的“二次开发”，才能逐步实现理想的开发极限目标。

中国石油在50多年的勘探开发历程中，积累了丰富的经验和技术，特别是2000年以来，在油田开发方面采取了一系列重要举措，取得了积极的成果。

一是规模开展精细油藏描述工作。2004年以来，规模开展了精细油藏描述工作，共描述地质储量81×10^8t，占已开发储量的62%，油藏模型实现了数字化。

二是重大开发试验取得突破。辽河油田稠油蒸汽驱、SAGD试验取得成功，分别提高采收率20%、30%，可推广一类地质储量2.5×10^8t，可增加可采储量6400×10^4t；大庆油田针对不适合三次采油技术的高含水二、三类储层，开展先导试验，可提高采收率7～10个百分点；新疆克拉玛依油田开展大幅度提高砾岩水驱采收率试验，改变注水方式，恢复压力，分层开采，预计提高采收率8%以上。

三是水平井技术得到规模应用。2007年中国石油完成水平井806口，占新钻开发井数的近6%，涵盖稠油、边底水、薄层等主要油藏类型。辽河新海27油田整体水平井深度开发，通过精细的地质研究和扎实的现场组织管理，断块开发指标得到明显改善，投产水平井33口，达到原开发高峰期产量水平，采油速度由0.26%上升到2.78%，综合含水由93.6%下降到84.7%，预计采收率可达 31%，提高约 14 个百分点。

四是一批高水平开发单元水驱采收率已超过 50%。例如大庆南二三区采收率达到 60.8%、大港庄一油田 54.0%、华北京 11 油田 51.9%。

以上成果为老油田二次开发提供了成功的基础，也为二次开发提供了技术上的保证。

特别是辽河油田，是中国石油二次开发的先行者。经过 30 多年的勘探开发，辽河油田储采失衡，部分油区油水井套损严重，地面设施老化，持续 10 年产量递减，年平均递减 30×10^4t 以上。辽河油田在开发实践中逐渐建立了二次开发理念和工作体系，针对传统开发的矛盾，从技术入手，重新构建起地下认识体系，重新确定适宜的开发方式，形成适应油藏特点的井网、井型及完井方式，采用高效举升的先进工艺技术、安全环保节能且自动化程度较高的平台地面工程系统，特别是中国石油重大开发试验项目 SAGD、蒸汽驱技术的突破，使开发效果发生了根本性改变。如果将技术再扩展到二、三类储量，可以把辽河油田的生命周期延长 25 年左右。从可采储量的角度看，相当于又找到了一个新辽河油田。“二次开发”的初步成功，使辽河油田 2007 年基本实现了产量稳定并小幅上升，创造了老油田重新焕发青春的奇迹。

吉林扶余油田由于存在注采系统不完善、分注状况差、套管损坏严重、注采井网与地层不适应等问题，导致开发状况不断变差，原油产量从 1987 年的近 100×10^4t 下降到 2002 年的 65×10^4t，综合含水达到 89.1%，单井日产量降到 0.52t。扶余油田实施以“优化合理井网，加大注水力度，提高经济效益，实现良性循环”为原则的综合调整。通过井震结合精细构造研究、细分沉积微相、储层精细对比、水淹测井解释、三维地质建模等技术，扩边增加储量，细化地质认识，掌握剩余油分布规律，同时还通过钻井调整、老井转注或转抽，实现精细注水，使原油年产量再次跃升到 105×10^4t，综合含水下降到 86.5%，初步实现了焕发青春的目标。

玉门老君庙油田是已开发 70 年的老油田，采收率水平较高。按照二次开发技术路线，初步安排水平井 254 口，直井 96 口，调层井 264 口，封井（弃置）269 口，实现老油田在一个新的水平上高效开发，打造百年油田。

中国石油在长期的油田开发实践与认识过程中，逐步形成了“二次开发”理念与技术，实施条件也日趋成熟。中国石油近年开展的“重大开发试验”和辽河、吉林“二次开发试点”初步成果表明：二次开发可以在老油田逐步推广，虽然有其难度，但不失为老油田再生的一条全新的出路；二次开发可以创造可观的经济效益，初步研究表明，中国石油二次开发一期工程的目前采收率34%，实施二次开发后，2010年采收率达到36.4%，预计增加可采储量1.3×10^8t；2020年达到45.5%，2020年以后采收率达到50%，增加可采储量9.1×10^8t。

二次开发给老油田与新油田同等重要的地位，使老油田重新得到关注，改变只关注新油田建设而忽略老油田可持续发展问题；二次开发将有助于解决老油田投入不足的问题；二次开发将综合考虑油田地质特征、剩余油分布、油藏动态、采油工艺和地面设施等因素，具有全局性、整体性和系统性；二次开发将解决老油田合理配产和相对稳产问题，实现老油田的良性发展。

中国石油二次开发实践了“科学开发，挑战极限”的开发基本理念，集中体现了“经济，有效，采收率”的开发价值观。它是一项系统工程，是对现行传统开发思路与认识的突破与超越，是对目前开发体系全方位深层次的改造与创新，涉及地质、油藏、钻井、地面工程、采油、输送等诸多方面，是一项艰巨复杂的战略性系统工程，是中国石油开发理念的实践和发展，集中体现了油田开发价值观的重大变化。老油田是个宝，老油田依然宝刀不老。

谢谢大家！

新闻链接

青海冷湖油田老井焕发青春

7月31日，青海油田冷湖三号油区7507采油井日产原油2.4吨，与3月0.4吨的日产相比，净增原油5倍。这是冷湖油田大打老井进攻仗，向老井要产量取得的显著成效。这一成效为冷湖三号油区的二次开发以及外围的滚动勘探奠定了基础。今年前7个月，冷湖油区通过资料分析和措施作业，老井累计产油超过3万吨。

消息来源：中国石油网 2009-08-04

高含水老油田“二次开发”研究进展

摘要：近年来，高含水老油田二次开发受到国内外著名石油公司的关注，并进行了大量有益的探索和尝试，发展并形成了一系列理论和技术，取得了较好的效果和良好的经济效益，为世界石油工业的发展开辟出了一条新路。本文从国内外油田面临的形势、二次开发的出现和涵义、探索和实践、形成的主要技术4个方面进行了评述，并提出了发展方向和建议。

关键词：二次开发；老油田；高含水；实践；技术

前言

随着新油田发现得越来越少和开发成本的提高，国外许多油公司开始把目光投向老油田[1]。老油田开发问题在石油界已经引起了广泛的关注。在国内，2007年，中国石油天然气股份有限公司（简称中国石油）明确提出了老油田要实行“二次开发”，制定了规划，确立了技术思路，部署了工作重点，并把二次开发作为“一项战略性的系统工程”[2]。本文将追溯老油田开发问题的历史，澄清一些模糊认识，对这一方面的研究进展进行概述。

1　中外油田所面临的开发形势

从1859年美国宾夕法尼亚州第一口工业油井诞生以来，世界石油工业蓬勃发展，为世界经济发展做出了巨大贡献。20世纪末期和本世纪初以来，由于勘探难度越来越大，世界年石油探明储量增长缓慢，而年石油消费量却增长迅速，世界石油年消费量的增长明显高于年探明储量的增长，而且呈现年消费量增长越来越快于年探明储量增长的趋势。2006年与1988年相比，世界年石油消费量增长了30.3%，而年探明储量增长了21.3%；2006年与2003年相比，世界年石油消费量增长了5.8%，而年探明储量仅仅增长了1.6%（图1）。世界石油消费量与探明储量之间的矛盾，使人们把目光投向了老油田。本世纪以来，老油田的数量越来越多，老油田产量仍是世界石油总产量的主体。Exxon、BP、Shell等大石油公司也已将提高已开发油田采收率作为公司重要的发展战略，2005年资本支出的三分之二用于30年以上的老油田开发调整与挖潜，通过动态描述、数字化油藏、水气交注、多学科集成的先进的二次采油技术，不断提升老油田价值，达到提高采收率的目的[3-7]。

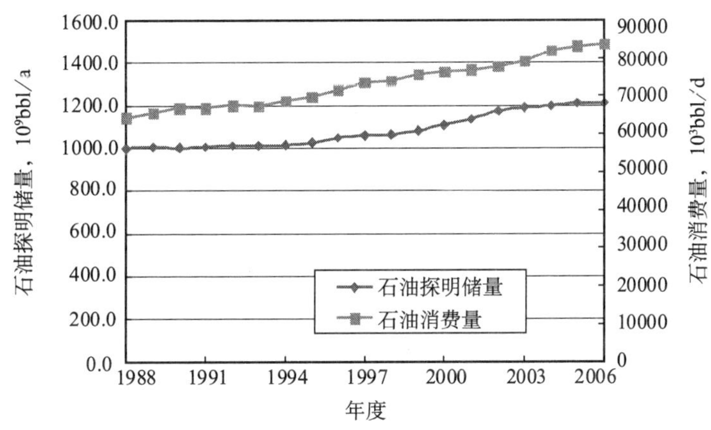

图1 1988—2006年的世界石油探明储量与消费量

在国内，经过几十年的开发后，中国石油天然气股份有限公司（简称中国石油）的油田开发呈现如下特点：(1) 原油生产总体稳中有升，东部呈递减趋势。中国石油2006年产量达到10653×10^4t，最近五年年均增长63.4×10^4t，其中总产量的70%以上是由开采20年以上的老油田提供的，但以老油田为主的东部地区，产量年均递减120×10^4t（图2）。(2) 老油田稳产的资源基础变差。与新区相比，"九五"期间老区新建产能比例为56%，"十五"期间下降至39%，老油田新建产能比例下降，挖潜难度增加；老区新增可采储量逐年减少，由1997年的5600×10^4t下降到2006年的2300×10^4t（图3）。(3) 油田总体进入"双高"（高含水和高采出程度）阶段。中国石油2006年末可采储量的采出程度达到73.9%，综合含水达到84.9%，开发难度进一步加大。(4) 油田服役

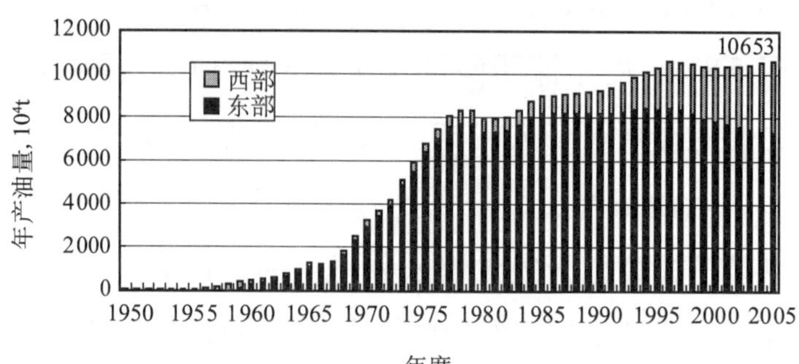

图 2　中国石油历年原油产量图

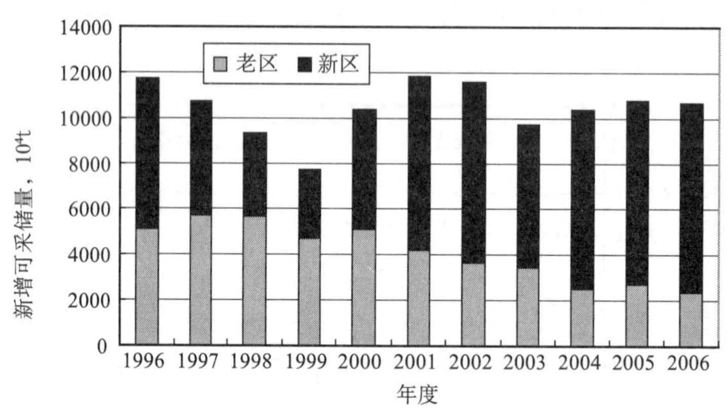

图 3　新增可采储量结构变化图

年限长，系统老化较为突出。已开发的 263 个油田中，服役年限超过 20 年的占 114 个，储量 78×10^8t，占总开发储量的 60%；待修套损井比例上升，可采储量损失增大；地面系统能耗高、效率低，老油田改造投资和安全环保隐患治理投资增加。(5) 原油采收率与国际水平存在差异，仍有较大潜力。到 2006 年底，中国石油动用石油地质储量为 130×10^8t，可采储量 43.8×10^8t，平均采收率为 33.6%，扣除大庆长垣后的采收率为 25.5%，与目前国际平均采收率 35% 有一定差距，提高采收率仍有较大潜力。

2　“二次开发”的出现与涵义

在国外，老油田被称为“成熟油田”(mature fields) 或“褐色油田 (brown-fields)”，目前对其认识和界定仍不明确。J. Rückheim 等根据关于“成熟油田管理”的先进技术研讨会 (ATW) 提出“成熟油田”是指已经达到产量最高峰并且产量处于下降状态的油气田[8]。Tayfun Babadagli 给出了“成熟油田”的三种“定义”：(1) 在一定生产期之后的油田；(2) 达到产量高峰的油田或递减状态下的在生产油田；(3) 在一次采油和二次采油尝试之后达到其经济极限的油田[9]。Antonio Cuauro 等则认为“成熟油田”是指产量下降的油田或处于生产生命末期的油田[10]。国外把老油田开发称为“第二阶段开发（second stage field development)”或“成熟或褐色油田再开发（mature fields /brown fields redevelopment)”或“成熟或褐色油田焕发青春（mature fields /brown fields rejuvenation/revitalization)”。

国外很早就开始关注和研究老油田的开发问题。20 世纪 90 年代，俄罗斯的罗马什金油田进行了稳产并尽可能增加产量的“二次开发”，到 1999 年可采储量采出程度已达到 86.0%[11]。美国能源部于 1996 年在 Denver-Julesburg 盆地白垩纪 D 砂层实施了一个“先进二次采油项目（Advanced Secondary Recovery Project)”，形成了利用高密度 3D 地震、精细地层学、油藏数值模拟进行多学科油藏描述研究，再根据形成的油藏认识采用加密井、注水方式转变和补孔等技术增加产量的思路。Kasarie Singh 探讨了老油田焕发青春的哲学，列出了老油田焕发青春的方法与策略，并强调油藏精细描述的关键作用[12]。Salis Aprilian 等提出了老油田焕发青春的两种策略：(1) 分析分区的地质单元；(2) 多学科团队协同工作[13]。

国内在 20 世纪 90 年代开始探讨老油田问题。大庆油田在 1992 年实施的“稳油控水”工程和 1995 年实施的“三次加密”工程具有二次开发的性质。韩大匡在 1996 年提出了我国老油田开发进入了“深度开发的新阶段”[14]，其思想蕴含着老油田二次开发。2003 年玉门油田曾明确提出老油田实施“二次开发”的可能性。2007 年在深入研究和总结的基础上，笔者明确提出了老油田二次开发的涵义及界定条件。

当油田按照传统方式开发基本达到极限状态或已接近弃置的条件，采用全新的理念，应用新的二次采油技术，重新构建油田新的开发体系实施再开发，大幅度提高油田最终采收率，最大限度地获取地下油气资源，实现安全、环保、节能、高效开发，称之为老油田二次开发。二次开发的对象必须同时具备以下三个特征：(1) 油田服役年限要在 20 年以上（稠油油田服役年限要在 12 年以上）；(2) 标定的油田可采储量采出程度在 70% 以上；(3) 油田综合含水达到在 85% 以上。

3　高含水老油田二次开发的探索与实践

目前，国外老油田二次开发方兴未艾。英国 BP 公司 Miller 油田水驱采收率已达到 60%，通过实施 CO_2 驱，预计采收率可达到 70%；俄罗斯罗马什金油田泥盆系二次采油采收率已达到 60%；道达尔的 Ekofisk 油田通过采用多分支完井、可膨胀管柱和水平井等技术，采收率将达到 65%；挪威 Statfjord、Gullfaks 油田预计采收率将分别达到 70%、65%；美国的 Elk Hills 油田稠油采收率已经达到了 60%，目前正在向 80% 迈进；Chevron 公司的 Kern River 油田，采收率预计将达到 80%。

在国内，老油田二次开发正在被重视并开始实施。中国石油经过了尝试和探索后，目前正在稳步推进老油田二次开发。

（1）中国石油的一批高水平开发单元经过二次开发后，采收率已超过 50%（表 1），远远高于中国石油 2006 年底的平均采收率 33.6%，这充分说明了二次开发提高采收率的潜力巨大。

表 1　中国石油部分已开发单元采收率实例表

开发单元	地质储量，10^4t	可采储量，10^4t	标定采收率，%
大庆南二三区高台子	7069	4295	60.8
大庆杏南纯油区	18721	10879	58.1
大港庄一断块	1320	731	54.0
大庆杏北纯油区	4198	22646	53.9
华北京 11 断块	1182	613	51.9
辽河锦 16 断块	3985	2060	51.7

（2）吉林扶余油田整体调整效果显著。开发了 40 多年的扶余油田，存在着井网不完善、井况差、注水状况差、地面不适应四大主要矛盾，1987 年产量略低于 100×10^4t，2003 年降到 65×10^4t。在经过三维地震与精细油藏描述、转换井网形式完善注采关系、加强注水提高动态分水率、加大调剖堵水、采用一级半 / 二级布站和常温输送等措施进行整体调整后，新增探明储量 6193×10^4t，

年产量又回升达到 100×10⁴t 以上（图 4），采收率提高 5% ～ 8%，吨油能耗由 4029MJ 降到 1548MJ。

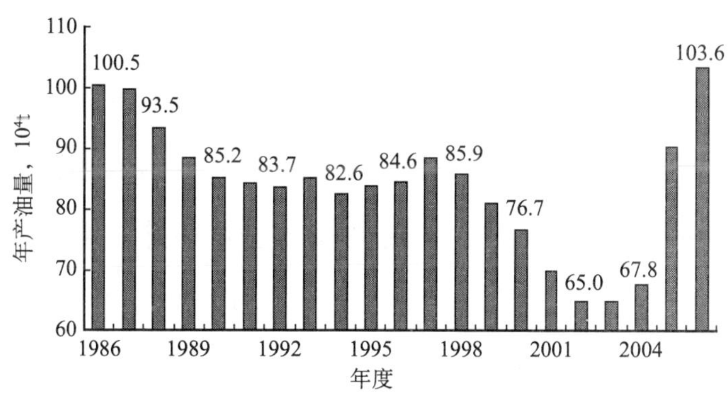

图 4 扶余油田 1986—2006 年原油产量变化图

（3）辽河油田蒸汽驱 /SAGD 试验取得成功。辽河齐 40 整体转蒸汽驱，覆盖地质储量 3177×10⁴t，可提高采收率 23.7%，蒸汽吞吐＋蒸汽驱最终采收率达到 50% 以上，与原来蒸汽吞吐相比，将累计增油 635×10⁴t，增加可采储量 753×10⁴t；曙一区整体转 SAGD 后，覆盖 I 类地质储量 4380×10⁴t，提高采收率 30%，蒸汽吞吐加 SAGD 的最终采收率达到 52.8%，比原来蒸汽吞吐将累计增油 1312×10⁴t，增加可采储量 1315×10⁴t[15]。

（4）规模应用水平井开发技术。辽河新海 27、冀东庙浅、大港枣北和华北京 11 四个规模应用水平井深度开发项目，共设计水平井 112 口、侧钻水平井 31 口，水驱采收率整体提高 7%。目前，已完钻井 50 口，正钻井 16 口，投产井 39 口，平均单井日产油 25.6t，为高含水、濒临停产、低采油速度、高采收率基值油田进一步提高采收率指出了方向。

4 老油田二次开发的主要技术

国外老油田二次开发通常是先建立一支由地球物理、地质、油藏和生产等科研人员组成的多学科工作团队，团队成员间及时交流，形成有效的合作，然后对所要二次开发的区块由多学科团队进行项目管理[13]。

国外二次开发所用的技术和策略涉及的范围非常广，而且往往采用几种技术的集成。Salis Aprilian 等认为老油田焕发青春的一般方法与对策有：重建地质或油藏模型，加密井，探边井，老井重开，堵水、酸化、压裂等增产措施，人工举升和油井流入动态优化，或以上措施的组合[16]。Kasarie Singh 也指出了老油田焕发青春的方法与策略：抽汲、水驱、蒸汽驱、水与水蒸气交替注入、井下加热器、蒸汽辅助重力泄油 SAGD、CO_2 驱、微生物采油、出租经营权与外包、合资经营、油藏描述等[12]。Mike DeWitt 等在美国 West Hiawatha 油田用连续管作为压裂导管代替传统的水力压裂技术进行完井，不但增加了完井产层的有效厚度而且还提高了产量，全油田产量达到了开发 80 年来最高产量的两倍[17]。印度 Zaloni 油田的 Zaloni Barail 油藏在经过聚合物驱后采出程度已经达到了 42%，通过钻加密井驱替到了油藏中以前的未波及油，增加了油井产量，使老油田焕发了青春[18]。

在国内，中国石油提出了明确的二次开发技术路线，其核心内容概括为“三重”，即重构地下认识体系、重建井网结构和重组地面工业流程。

（1） 重构地下认识体系。

采用高分辨率三维地震技术、高精度动态监测技术、精细油藏描述技术和储层结构精细刻画技术等，重新认识储层和油层，查明剩余油分布，并采用网络化、信息化技术自动录入资料数据，建成数字化油田（图 5），努力实现全程

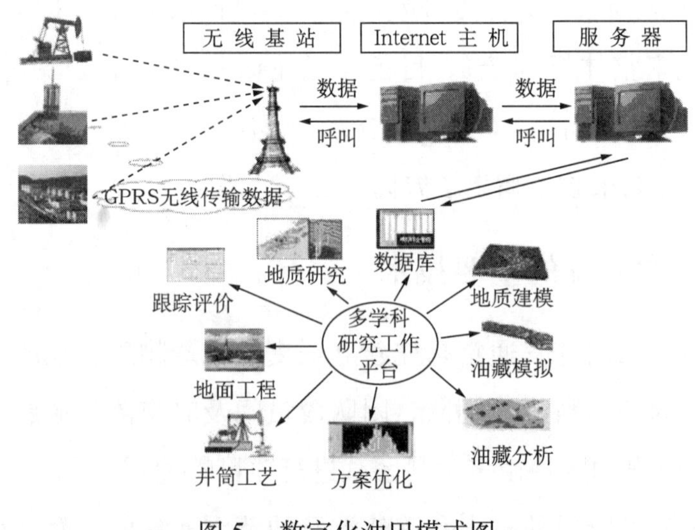

图 5　数字化油田模式图

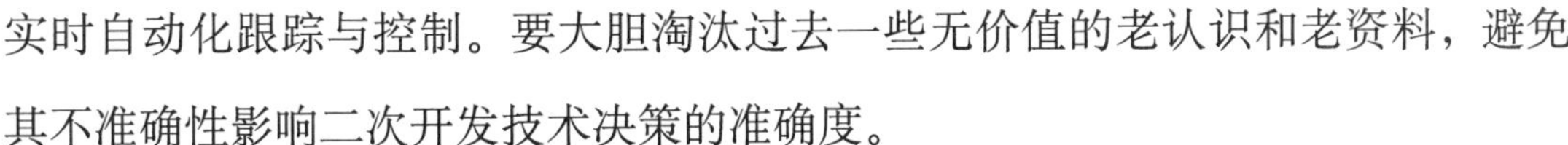

实时自动化跟踪与控制。要大胆淘汰过去一些无价值的老认识和老资料，避免其不准确性影响二次开发技术决策的准确度。

(2) 重建井网结构。

改变传统的直井井网结构，以丛式井、水平井、多分支井、多底井、平台式水平井等为主要开发井型，同时根据井况条件，淘汰一批维护成本高的老井，特别是维护成本大于原油生产价值的井，原则上整体部署新的开发井网，能利用的井则利用，不能利用的则弃置，从根本上形成二次开发的新井网。对具备条件的油藏纵向上层系细分重组，平面上井网加密，完善注采系统，改善水驱效果。

(3) 重组地面工艺流程。

新井网的部署为大大优化简化地面流程创造了条件。根据高含水油田开发特点，以丛式钻井和平台式、集约式布井为基础，简化和优化地面工艺流程，坚定不移地推行一级或者一级半布站，短流程，常温输送，扩大冷输半径，形成泵对泵工艺流程，淘汰能耗高、效率低的地面设施，达到“四新、三高、三全、一循环”的目标。“四新”指二次开发中要充分应用新材料、新工艺、新技术、新设备；“三高”指淘汰以前高能耗、低效率的加热炉、抽油泵和输油泵，改用高效加热炉、高效抽油泵和高效输油泵；“三全”是指地面管线流程全密闭，产生的废气、污水等全部处理，并全部合理利用，达到环保要求。“一循环”是指油田生产实现“循环经济”。

5 老油田二次开发研究的发展方向和建议

(1) 理论技术创新是国内外老油田二次开发的内在要求和基本动力。高含水老油田情况复杂，开发难道大，目前国外也缺乏先进有效的二次开发理论技术，因此必须加强理论研究，开发新技术，为老油田二次开发提供可靠的理论技术保障。

(2) 技术集成是现阶段老油田二次开发技术发展与应用的突出趋势，也是最有效的解决方案。高含水老油田的开发不能只依靠某一项技术，而必须根据油田地质和生产特征综合运用多项技术，需要多学科协同攻关。

（3）老油田二次开发水驱理论研究亟待加强。目前油田开发早期水驱砂岩理论已比较完备，但高含水、特高含水期的水驱理论研究进展缓慢，高含水老油田二次开发缺乏明确和系统的理论指导。

（4）发展适应高含水老油田的油藏数值模拟理论和方法。老油田经过长时期的注水冲刷，储层、流体发生了较明显的变化，再加上层系井网反复调整，各种措施不断应用，剩余油分布极其复杂，给地质建模和历史拟合造成了极大的困难。为了准确描述剩余油和反应油藏特征的动态变化，应发展动态地质模型、自动历史拟合、分阶段历史拟合或短（甚至无）历史拟合的油藏数值模拟理论和技术。

（5）进一步加强水驱油规律及水驱油效率研究。大量的矿场资料表明，强水洗段或大孔道的水驱油效率较高，某些强水洗段岩心的驱油效率可以达到80%，而且在含水低于80%时，水驱油效率随含水增加幅度相对较缓，当含水大于80%以后，水驱油效率随含水上升而快速增加，提升的幅度较大。

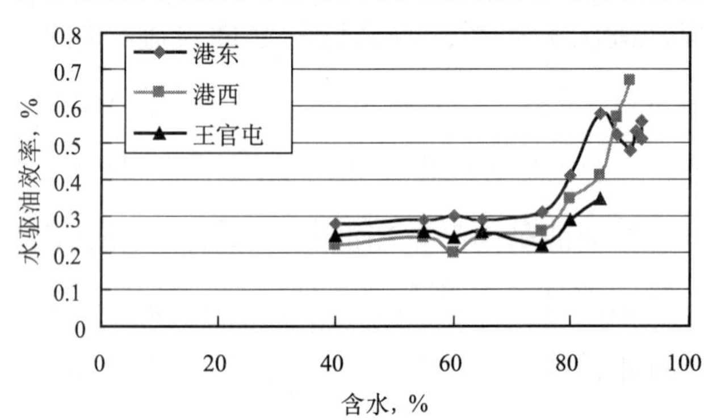

图 6　中国石油大港油田三个区块水驱油效率与含水关系

6　结论

（1）老油田二次开发越来越受到重视，已成为世界石油工业的发展趋势之一。

（2）国内外实践表明，高含水老油田依然具有巨大的潜力，采收率具有大幅度提高的空间。

（3）老油田二次开发需要综合运用多项先进技术，需要多学科协同攻关。

（4）二次开发是一项艰巨复杂的系统工程，要按照“整体部署，分步实施，试点先行”的原则高效、有序进行，以降低经济技术风险和提高油田开发的效果与效益。

（5）中国石油老油田“二次开发”的主要技术路线是重构地下认识体系，重建井网结构和重组地面工艺流程。

参 考 文 献

[1] F.T. Blaskovich. Historical Problems with Old Field Rejuvenation. SPE 59471, 2000：1–15

[2] 胡文瑞．论老油田实施二次开发工程的必要性与可行性．石油勘探与开发.2008, 35（1）：1–4

[3] Cimic M. Russian mature fields redevelopment. SPE 102123, 2006

[4] Wongnapapisan B, Flew S, Boyd F, et al. Optimising Brown Field redevelopment options using a decision risk assessment: Case Study-Bokor Field, Malaysia. SPE 87047, 2004

[5] Flew S, Mulcahy M, Stelzer H, et al. Bokor Field redevelopment: A Brown Field integrated modeling workflow case study. SPE 87043, 2004

[6] Agbon I S, Aldana G J, Araque J C, et al. Resolving uncertainties in historical data and redevelopment o mature fields. SPE 81101, 2003

[7] Kessel O V. Champion East: Low-cost redevelopment of shallow, stacked and faulted heavy-oil reservoirs. SPE 78674, 2000

[8] J. Rückheim, G. Voigtländer, Erdgas Erdöl GmbH, M. Stein-Khokhlov. The Technical and Economic Challenge of “Mature Gas Fields”：The Giant Altmark Field, a German Example. SPE 94406, 2005

[9] Tayfun Babadagli. Development of mature oil fields—A review. Journal of Petroleum Science and Engineering, 2007, 57：221–246

[10] Antonio Cuauro, et al. An approach for production-enhencement

opportunities in a brownfield redevelopment plan. SPE 101491,2006

[11] RN Diyashev, AF Blinov, RS Khisamov. Redevelopment aims to stabilize, hike oil production from Romashkinsky. Oil And Gas Journal, 2000

[12] Kasarie Singh, Evolution of Field Rejuvenation, SPE 69631, 2001

[13] Salis Aprilian, Kun Kurnely, Kiagus Novian. Rejuvenation of matured oil fields in south sumatra, Indonesia. SPE 80438, 2003

[14] 韩大匡 . 深度开发高含水油田提高采收率问题的探讨 . 石油勘探与开发 .1995,22（5）：47–55

[15] 任芳祥 . 辽河油区老油田二次开发探索与实践 . 特种油气藏 .2007,14（6）：5–10

[16] M.F.Al-Ajmi, H.B.Chetri, A.N.Khan, et.al.New oil in an old reservoir: Prize from a Comprehensive,Multidisciplinary Reservoir-Management Approach. SPE 93547, 2005

[17] Mike DeWitt, Jess Peonio, Scott Hall, et.al. Revitalization of West Hiawatha Field Using Coiled-Tubing Technology. SPE 71656, 2001

[18] S Yomdo, B.N.Talukdar. Rejuvenation of a Mature Oilfield Involving Polymer Flooding by Successful Tapping of Undrained/Unswept Oil: A Case Study. SPE 97640,2005

新闻链接

华北油田路 36 断块“起死回生”

日产原油比上年同期提高 10 倍以上

一年前因产量过低、濒临废弃的华北油田采油三厂路 36 断块，经过地质攻关和科学开发，特别是采用水平井技术实施二次开发，日产原油由 2007 年 4 月的 3.4 吨上升到今年 4 月 20 日的 37 吨。随着进一步实施水平井技术开发，产量有望继续实现较大幅度增长。

路 36 断块构造位置在冀中饶阳凹陷的留西构造带，发育上第三系的馆陶组油层，1990 年投入开发，一直依靠弹性能量开采。随着开发时间的延长，产液量下降，动液面下降，后期部分上返井补孔后甚至不出液，只得依靠不断加深泵挂维持生产，大部分油井无液而先后关井。去年4月，13口油井中，只有3口井采取间开维持低产，其他10口井全部关井。整个断块日产液15.8吨，日产油3.4吨，含水达78.5%。油藏在低采出程度下面临着被废弃的局面。

一个十分现实的难题摆在采油三厂领导和地质人员面前，如果照此开发下去，结果只能是负效开发，入不敷出；而关井停产，则意味着具有百万多吨地质储量的断块将废弃，数百万元的生产装置将闲置。路36断块经过17年的开发，还有没有"起死回生"的希望？这个厂的地质人员迎难而上，对油藏地质特征进行再认识，反复分析论证，充分利用三维地震精细解释技术，对路36断块及周边油层进行了精细构造解释，通过对油藏特征的深入分析，结合储层分布及发育情况，终于有了令人欣喜的发现。结论是路36断块NgII段储层分布稳定，采出程度低，是油藏寻找剩余油的最大潜力所在。但天然能量不足是制约该套层开发的关键因素，因此后续开发必须立足于人工注水，恢复地层能量，提高油井出液能力，并通过有效水驱，进一步提高最终采收率。在此思路指导下，这个厂开展了基于现有井网注水开发恢复和应用先进的水平井技术实现二次开发两套方案的研究。

根据水平井钻井技术日益成熟，在老区挖潜和提高采收率方面具有直井所无可比拟的优势，这个厂确定在路36断块采用水平井实现二次开发，在构造最高部位剩余油富集区，设计并完钻了路36平1井，并于去年4月16日完钻。油层钻遇率达到96.7%，用10毫米油嘴放喷，日产油216吨，且不含水。该井的成功表明，对油藏剩余油认识清楚的基础上，水平井开发能够明显改善老油藏开发效果。紧接着，这个厂又在剩余油富集区应用水平井技术重新部署井网，利用丛式水平井进行二次开发，利用低部位老井注水，做到直平结合，从而实现路36断块剩余油储量的高效动用，提高油藏采收率。一年来，路36断块水平井二次开发方案部署总井数17口，其中新钻水平井9口，注水井3口，转注老井5口，截至4月20日，已完钻水平井6口，其中两口投入生产。

水平井开发有效地提高了路36断块油藏采收率，使这个油藏“起死回生”。通过水平井开发，油藏最终采收率可达30%以上。路36断块的实践表明，挖掘剩余油潜力，仍是今后乃至更长一个时期老油田增储上产能“解渴”的现实有利地区和希望所在，突破口就在于再认识和技术创新，在挖掘老油田剩余油潜力方面，还有很多可观的收获隐蔽在未知的领域之中，只要认识到位，工作到位，老区一定能够给予我们丰厚的回报。

消息来源：中国石油网 2008-04-23

老油田二次开发[1]

前言

中国石油原油产量主要来自老油田。老油田剩余可采储量依然相当可观，潜力非常巨大。随着地下油气资源的不断开采，老油田数量越来越多，开发难度也越来越大，而三次采油适用范围有限，成本相对较高，为不断提高老油田采收率和开发水平，中国石油开始实施老油田“二次开发”工程。

老油田二次开发是一个重大命题，不论从油田开发的认识、观念、技术、管理，还是油田服役年限、开发指标极限设置及产生的巨大经济效益等，都是真正意义上的油田深度开发、资源的充分利用，是一项前瞻性、战略性的老油田系统改造工程，也是转变经济增长方式、落实科学发展观的具体行动。

中国石油二次开发是一项战略性的系统工程，是“油田开发史上的一场革命”，是近期老油田开发的主要任务之一，其意义在于它的历史性、战略性、成长性，同时具有很强的现实性和可操作性。它的成功将产生一个“改变游戏规则”的“全新”局面。这一千秋事业也将是上游开发业务发展的永恒主题和现实性的难题。

一、二次开发的概念及背景

改革开放30年来，大多数国有大中型企业凡是获得新生的，其中一个突出的特点就是在产业结构调整的基础上进行了大规模的技术改造和技术升级。油田企业在本质上跟其他国有大中型企业也是一样的，要想获得新生，技术改造和技术升级是永恒的主题。

油气田经历了初期大规模开发建设之后，特别是20世纪六七十年代开发的油田，虽然有过局部的调整和三次加密，但未从整体上进行系统的技术改造和

[1] 本文是作者于2009年5月22～23日在“首届石油石化产业发展国际论坛”上的谈话。

技术升级，而二次开发就是老油田真正意义上的技术改造和技术升级，目的是使老油田重新焕发青春。

1．老油田二次开发的概念

老油田二次开发，是指当油田按照传统方式开发基本达到极限状态或已接近弃置的条件时，采用全新的理念，按照新“三重”技术路线，重新构建老油田新的开发体系实施再开发，大幅度提高油田最终采收率，最大限度地获取地下油气资源，实现安全、环保、节能、高效开发。

简而言之，二次开发的对象是“老油田”，条件是“按照传统方式开发基本达到极限状态或已接近弃置”，观念是“全新的”、有区别于传统的开发观念，中心工作是“重新构建老油田新的开发体系”，目的是“大幅度提高油田最终采收率，最大限度地获取地下油气资源”，其效果体现在“安全、环保、节能、高效开发”上，其做法可扩展到老气田。老油田二次开发的根本宗旨是“科技油田、绿色油田、和谐油田”。

二次开发的基本条件：油田指服役年限大于 20 年；可采储量采出程度大于 70%；油田综合含水率大于 85%。

2．二次开发的背景

1992 年，大庆实施“稳油控水”，接近二次开发基本性质；

1995 年，大庆实施“三次加密”，曾提出过“二次开发”一词；

1996 年，韩大匡院士曾阐述过“深度开发”的概念和理论；

2003 年，玉门油田提出了“二次开发”，指开发 70 年的老君庙；

2004 年，中国石油勘探与生产公司实施的“十大开发试验”，有“二次开发”的性质和特点，本质上是为二次开发做准备。

2005 年，辽河油田蒸汽驱、SAGD（重力辅助泄油）等重大开发试验，体现了老油田二次开发的基本思路，并初见成效。

2006 年，辽河油田明确提出“二次开发”和“再造新辽河”的设想；

2007 年，中国石油蒋洁敏总经理明确提出实施二次开发，指出“是油田开发历史上的一次革命，是一项战略性的系统工程”；

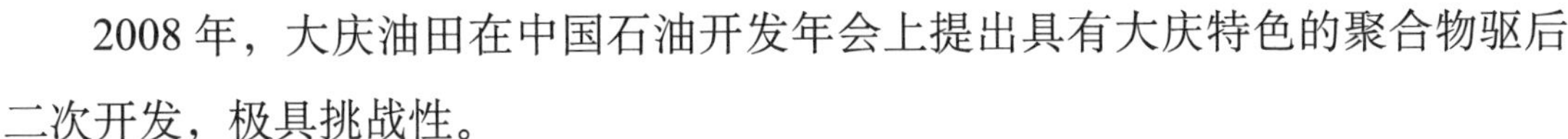

2008 年，大庆油田在中国石油开发年会上提出具有大庆特色的聚合物驱后二次开发，极具挑战性。

3．国际趋势

国际石油公司将提高已开发油田采收率作为公司重要的发展战略，2005 年资本支出的 2/3 用于 30 年以上老油田的开发。

美国很重视老油田“焕发青春（Rejuvenation/Revitalization）”技术，许多油田的采收率将从目前的 33% 左右提高到 60% 以上。新技术将使美国加利福尼亚州等六大地区的技术可采储量增加 404×10^8bbl。如果推广到美国所有油田，将增加技术可采储量为 1600×10^8bbl。按照 50% 能转为经济可采储量，油价 40 美元 /bbl 计算，联邦政府和地方政府将分别增加税收 5600 亿美元和 2800 亿美元。

二、二次开发的理念、目的和价值观

1．二次开发的基本理念

基本理念是：科学开发、挑战极限。

如果说中国石油这一开发基本理念适用于整个油气田，那么二次开发就是实践和发展这一基本理念。二次开发与传统的开发相比，其最大变化和最大的难点，就是要面对已开发了 20 年以上的老油田，而这些油田剩余油高度分散，油水关系极其复杂，总体上表现出“两低”、“双高”和“多井低产”的极难特点。要采用不同于传统的开发理念，才能走出油田开发的新路。

2．二次开发的根本目的是提高最终采收率

中国石油一批高水平开发油田的成功实践、重大开发试验以及采收率研究都表明，目前的采收率具有提高 10%～20% 的潜力空间。

按照“五笔帐”分析法，即累计采出油、剩余可采储量、未开采储量、三次采油和二次采油。二次开发一期工程预计可增加可采储量 9.1×10^8t。

3．二次开发的价值观：经济、有效、采收率

价值是指体现在商品里的社会必要劳动，价值观就是对政治、经济、道德、金钱等所持有的总的看法，中国石油开发的价值观，就是指对油气田开发、建设、生产、经营以及管理总的要求和把握，具体的讲是“经济，有效，采收率”。

“经济”是指社会物质生产与再生产的活动，对二次开发，就是指要有经济效益，要保持合理的投入产出比；

“有效”是指能实现预期目的或效果，对二次开发，就是指通过技术创新或技术集成，使常规开发技术下损失或难以动用的储量得到有效的开发利用；

“采收率”是油田采出油量与地质储量的百分比，是油田开发水平的综合反映，二次开发目标采收率50%以上是可以做到的。

三、二次开发的理论和实践基础

1．二次开发的理论基础

室内研究和生产实践表明，大约50%～70%的可采储量在高含水和特高含水期采出，近来大量实际资料表明，水驱油效率随着注水倍数的增加而增加，采收率仍有较大幅度的提高空间。油田开发是时间的函数，油田开发是个动态过程而不是静态的。油田采收率与油藏认识程度和所采取的技术手段密切相关，新认识、新理论、新技术的发展进步将大幅度提高采收率。

2．中国石油在油田开发方面采取了一系列重要举措

一是规模开展精细油藏描述。2004年以来，规模开展了精细油藏描述工作，共描述地质储量81×10^8t，占已开发储量的62%，油藏模型实现了数字化。

二是重大开发试验取得突破。辽河稠油蒸汽驱与SAGD试验取得成功，SAGD技术采收率提高30%，蒸汽驱技术采收率提高20%，可推广一类地质储量2.5×10^8t，可增加可采储量6400×10^4t。大庆提高水驱采收率试验，大庆针对不适合三次采油技术的高含水二、三类储层，开展先导试验，可提高采收率7～10个百分点。新疆克拉玛依开展大幅度提高砾岩水驱采收率试验，改变注水方式，恢复压力，分层开采，预计提高采收率8%以上。

三是水平井技术得到规模应用。2007年完成水平井806口，占新钻开发井

数的近6%，涵盖稠油、边底水、薄层等主要油藏类型，初步形成水平井设计、轨迹控制、储层保护、举升、生产监测等配套技术。

四是一批高水平开发单元水驱采收率已超过50%。大庆南二三区采收率达到60.8%、大港庄一油田54.0%、华北的京11油田51.9%。为完善水驱效果，提高水驱效率，积累了经验。

四、二次开发的技术路线

1．老油田二次开发的技术路线

核心内容概括为“三重”：

（1）重构地下认识体系；

（2）重建井网结构；

（3）重组地面工艺流程。

（1）重构地下认识体系。采用精细三维地震技术、高精度动态监测技术（过套管电阻率测井、C/O测井、PND测井等）、精细油藏描述技术、储层精细刻画技术等，并淘汰一批老资料。深化油藏认识，搞清剩余油分布，采用网络化、信息化技术，自动录入资料数据，方案自动生成，建成数字化油田。

（2）重建井网结构。改变传统的直井井网结构，以丛式井、水平井、侧钻水平井、平台式水平井等为主要开发井型，对具备条件的油藏在纵向上层系细分重组，平面上井网加密，完善注采系统，改善水驱效果。淘汰一批维护成本高的老井，原则上整体实施，能利用的井则利用、不能利用的则弃置。

层系细分井网重组。通过层系细分及井网重组技术的研究，提出了“整体控制、层内细化、平面重组、立体优化”的基本技术原则：

①在最大限度提高单砂体及内部构型控制程度的基础上，以井组为单元，认识层内非均质为重点，纵向上细分层系；

②针对细分的层系，平面上以单砂体及内部构型的剩余油分布为基本单元，重组井网；

③基于层系细分与井网重组，实现波及与驱替效率的最优化。

（3）重组地面工艺流程。根据高含水油田开发特点，以丛式钻井和平台式、集约式布井为基础，扩大水平井的规模应用，优化简化地面工艺流程，一级或一级半布站，短流程，常温输送，扩大冷输半径，泵对泵工艺流程。坚决淘汰能耗高、效率低的地面设施，达到“四新、三高、三全、一循环”。“四新”是指新工艺、新技术、新设备、新材料；“三高”是高效加热炉、高效注水泵、高效输油泵；“三全”是全密闭、全处理、全利用；“一循环”是指循环利用。真正实现油田地面设施高度自动化。

2．二次开发共性关键技术

深入剖析开发矛盾，由单砂体刻画入手，以井网、层系优化重组为手段，提高水驱控制程度，以水驱为主，结合“二加三”、泡沫驱、气驱，改善开发效果，大幅度提高采收率。

共性关键技术：

（1）单砂体及内部构型精细刻画技术；

（2）以单砂体及内部构型为基本单元的剩余油表征技术；

（3）井网、层系优化重组技术；

（4）水驱油效率（优势通道影响）研究技术；

（5）扩大波及体积、控制无效水循环、提高驱油效率储备技术[泡沫水驱、气驱（天然气、CO_2）]。

五、二次开发取得的初步成果

1．辽河油田

中国石油重大开发试验项目SAGD和蒸汽驱技术的突破对辽河油田具有划时代的意义。如果再扩展到二、三类储量，可以把油田的生命周期延长25年左右。从可采储量的角度看，相当于又找到了一个“辽河油田”。二次开发的初步成功使辽河油田2007年基本实现了产量稳定并小幅上升，创造了老油田重新焕发青春的奇迹。

2．吉林扶余油田

通过2004—2007年的整体调整，扶余油田年产量从67.8×10^4t跃升到

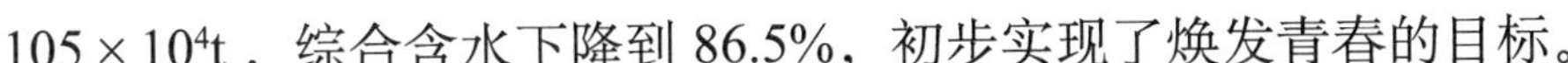

105×10^4t，综合含水下降到 86.5%，初步实现了焕发青春的目标。

3．玉门老君庙油田

老君庙油田开发时间长，采收率水平较高。按照二次开发技术路线，对井网重新部署，安排水平井 254 口，实现老油田在一个新的水平上高效开发，打造百年油田 。

六、二次开发的发展展望

1．二次开发的远景效果

中国石油近年来开展的“重大开发试验”和辽河、吉林“二次开发试点”初步成果表明：二次开发可以在老油田逐步推广，虽然有其难度，但不失为老油田再生的一条全新的出路。

初步研究，中国石油二次开发一期工程的目前采收率 34%，实施二次开发后，最终达到 50%。2010 年将增加可采储量 1.3×10^8t，采收率达 36.4%，2020 年采收率将达到 45.5%，2020 年以后采收率将达到 50%。

2．二次开发的经济效益预测

中国石油二次开发可以创造可观的经济效益。初步研究表明，中国石油二次开发一期工程预计增加可采储量 9.1×10^8t，即 71.54×10^8bbl，按油价 80 美元/bbl 计算，可实现产值 41608 亿元，按照 2006 年的纳税方法计算，可为国家创造税收 18376 亿元。

二次开发预计增加的 9.1×10^8t 可采储量，相当于勘探新发现地质储量 45×10^8t，而勘探发现这些储量按常规约需要 9 年时间。按照中国石油平均发现成本测算，勘探新增探明储量 45×10^8t 约需花费 1800 亿元。也就是说通过二次开发，可以节省大量的勘探成本。

3．二次开发在老油田开发中的重大作用

二次开发给老油田与新油田同等重要的地位，使老油田重新得到关注，改变以往只关注新油田建设而忽略老油田可持续发展问题的局面。二次开发将有助于解决老油田投入不足的问题。二次开发将综合考虑油田地质特征、剩余油分布、油藏动态、采油工艺和地面设施等因素，具有全局性、整体性和系统性，二次开发将解决老油田合理配产和相对稳产问题，实现老油田的良性发展 。

4　中国石油二次开发需要深入做好的工作

一是潜力评价。是指对老油田资源潜力的评价，以“五笔帐”的方法研究、计算油田的剩余资源的潜力。

二是整体部署。结合实际情况，编制“二次开发”规划方案及实施方案，要求是整体部署，分年实施；条件成熟，立即实施。

三是重大试验。包括辽河稠油二、三类油藏蒸汽驱、SAGD，新疆克拉玛依六中区提高水驱采收率，大庆长垣聚合物驱后提高采收率，玉门老君庙（包括鸭儿峡）提高采收率和吉林大庆注 CO_2 提高采收率试验等重大开发试验。

四是示范工程。即冀东庙北浅层油藏、辽河新海 27 区块、大港枣园油田和华北京 11 断块规模应用水平井的技术示范工程。

五是试点工程。即辽河稠油蒸汽驱 /SAGD、新疆西北缘、冀东南堡陆上、玉门老君庙（包括鸭儿峡）、吉林扶余和大港港西等。

六是技术研究。即剩余油分布新模板研究，数字化油田资料自动录入、方案自动生成研究，钻采注工艺配套技术研究，采收率标定新方法研究和全新地面工艺流程研究。

七、结论

（1）中国石油开发的基本理念：科学开发，挑战极限；

（2）中国石油开发的价值观：经济，有效，采收率。

中国石油二次开发是一项系统工程，是对现行传统开发思路与认识的突破与超越，是对目前开发体系全方位深层次的改造与创新，涉及地质、油藏、钻井、地面工程、采油、输送等诸多方面，是一项艰巨复杂的战略性系统工程，是中国石油开发理念的实践和发展，集中体现了油田开发价值观的重大变化 。老油田是个宝，老油田依然宝刀不老。

扶西 17–19 区块深度调驱试验稳步推进

5月7日，记者从吉林油田公司调剖调驱项目部获悉，该项目部承担的吉林油田扶西 17–19 区块二次开发深度调驱试验项目进展顺利。项目4月7日经股份公司批复以来，项目部与设计、施工、服务及保障单位通力配合，仅用 20 天的前期准备，就于4月底进入了试注阶段，目前项目运行顺畅。

今年是吉林油田油气当量产量向 750 万吨目标迈入的一年，也是扶余采油厂稳步推进“百万吨稳产 10 年工程”的第四个攻坚年，针对扶余油田步入高含水开发期的特点，吉林油田决定对扶余适宜区块开展大规模调剖调驱措施，扶西 17–19 区块就是从中优选的一块“试验田”。

扶西 17–19 区块位于扶余采油厂西区土城子高点西侧，平面、层间、层内三大矛盾突出。项目部决定对这一区块采用颗粒 - 凝胶复合体系封堵、弱凝胶等体系驱油，目的是封堵优势通道，提高水驱效果，从而提高采收率。该项目实施3个月后可观察效果，预计最终可以提高采收率3到5个百分点，这对于一个综合含水已经高达 93.8% 的区块来说意义非凡。“这也为吉林油田搞好二次开发、实现老油田稳产探索一条新的渠道。”项目部总工程师路大凯介绍。

在项目实施过程中，项目部和各参战单位始终以“建设股份公司级标准示范区”为理念，进行标准化现场建设，精心做好方案设计和人员培训，对每一口井方案设计、每一台设备运行、每一个环节都进行周密安排和部署，全力保障调驱试验一次成功。

目前，这一项目已进入正式运行阶段，14 口水井平均单井要注入2万立方米左右的复合配方体系。预计这一工程要持续到年底。

消息来源：中国石油网 2010-05-12

附录：博客精彩评语

东坡居人：2007-06-27 07:31:20

老油田二次开发是一个庞大的系统工程，新二次采油是一个全新的概念，此（提要）供业内讨论，并发表看法。

钟老汉：2007-06-27 07:41:52

全新的概念，现在提出正得其时。

lili：2007-06-27 09:06:22

好文章，学习了，外行看了也能懂几分。哈哈!

东北人：2007-06-27 09:26:47

高瞻远瞩！该项措施的实施对中国老油田开发将产生深远影响！！！

在我们正全力研究探讨的关键时刻，为我们指明了方向。该文章对统领老油田二次开发具有纲领性作用。

新浪网友：2007-06-27 09:48:12

太专业了，不懂!

新浪网友：2007-06-27 09:53:24

据说二次开采会有更大的污染，你们是否会做得更好呢?

新浪网友：2007-06-27 10:14:17

油田二次开发工程是对老油田认识上的飞跃。

乐乐：2007-06-27 10:16:12

二次开发工程涉及的领域大部分是地质情况复杂、储层较差的砾岩、低渗透砂岩和稠油油藏，工艺技术要求高，施工难度大，对你们将是一次严峻的考验。

祝你们取得良好的成绩！

东西南北：2007-06-27 10:53:42

审时度势，高瞻远瞩。值此国际石油行业就老油田焕发青春方兴未艾之际，此举与国际同步并规模先行，必将对石油工业产生巨大而深远的影响，更是转变经济增长方式，落实科学发展观的重大举措。

东东：2007-06-27 11:04:52

楼上的也很有远见啊！

新浪网友：2007-06-27 11:09:10

二次还能采出像你说的那么多东西吗，为什么不一次采完呢，干来回活不嫌累啊！

龙王爷：2007-06-27 11:11:48

理论做的挺细，讲的也像个专家内行，可就是不知道实施起来会不会困难重重。现在就是会上谈，会产生怎样的结果呢？？？

新浪网友：2007-06-27 11:48:30

上次网上说是中石油开发资深专家，看了此作文，看来有点水平。

laoli：2007-06-27 14:24:22

思想有多高，就能走多远。思路决定出路。相信中国的石油产量在有识之士的努力下，有很大的发展空间。

窗明几净的夜：2007-06-27 14:29:10

学习了，祝顺！保重！

大峡谷：2007-06-27 15:48:39

老油田二次开发，是油田开发的一次革命。我国油田非均质性强，后期开发潜力大。同时，油田开发是动态的，持续、深入开发老油田是我们的必然。高瞻远瞩，抓住关键！该项措施的实施对中国老油田开发将产生深远影响！！！

永远的雪星星：2007-06-27 16:47:38

“二次开发”为我们大幅度提高采收率开辟了一条新的道路，他充满了希望，也面临着挑战。油田开发的最终目标就是不断提高采收率，这是油田开发工作的主线。重新认识老油田，应用和发展新二次采油技术，构建新的开发体系，大幅度提高最终采收率，实现安全、环保、节能、高效开发。我们坚信，“二次开发”一定会取得预期的成效，使老油田再现新的辉煌。老油田的历史贡献在昨天、发展在今天、未来和希望在明天。

大庆石油人：2007-06-27 16:51:08

看了你的新二次采油纲要很振奋，非常必要也非常及时，是纲领性的，太重要了。目前的油田开发技术能够也应该去这样想这样做，资源太宝贵了，许多油田采收率只有35%太可惜了。大庆现在的工作目标是一、二类油层采收率达到70%。一定能够实现！中石油的油田在新二次采油上取得的成绩，以及对国家的贡献将是历史性的。谢谢你的好文章！

渤海湾：2007-06-27 17:00:04

高瞻远瞩，思路清晰，认识深刻，一定成功。

“二次开发”是一项系统工程，开发对象是开发20年以上、含水达到80%以上、可采储量采出程度70%以上的老油田，不是简单的重复开发，而是更高层次的创新，是油田开发史上的一次革命。

新二次采油作为二次开发的核心技术路线，是二次采油技术的继承和发展，是介于老油田二次采油和三次采油之间的一项技术，其基本内涵是重构新的地下认识体系、重建井网结构、重组地面工艺流程。

新浪网友：2007-06-27 20:46:32

看来大家都是专家或者说是石油工作者。

小不丁：2007-06-27 20:50:39

好精辟啊！

青蛙：2007-06-27 20:52:11

好的文章总是受大家的关注。

新浪网友：2007-06-27 22:34:46

太厉害了，我都看不明白。

东坡居人：2007-06-27 22:43:11

闲人先生：本人不会删帖，望你再贴一份。但你说吹牛本人不能苟同，要拿事实说话。

新浪网友：2007-06-28 00:06:33

我很赞同，也很高兴开展这一技术工作，它是老油田今后发展的方向！但它需要有耐心才行！　吐哈人

新浪网友：2007-06-28 08:49:21

二次开发是篇大文章、大手笔，其技术是关键，但重要的是要有勇气和决心。不过难度相当大。

新浪网友：2007-06-28 08:51:57

为什么不一次搞完，为什么要来二次呢？不理解！

新浪网友：2007-06-28 08:53:13

大庆不都三次了吗?

新浪网友：2007-06-28 09:00:26

给后人留点，不要都吃完。二次开发是不是想吃干榨净。

老君庙人：2007-06-28 09:04:28

审时度势，高瞻远瞩。认识深刻，抓住关键！随着技术的不断发展，观念的不断更新，按照新条件重新评价老油田，以先进的工艺技术为手段，加强精细油藏描述成果应用，对老油田再次开展规模性调整，实施深度二次开发，最大限度发挥油藏潜力，不仅是老油田实现后期稳产上产的必然选择，同时也是老油田挑战采收率极限、创建百年油田的根本途径。

新浪网友：2007-06-28 10:49:16

后人自会去发现开发，我们担什么心啊！

前槐后柳：2007-06-28 11:07:07

新二次采油理论的提出，应该是石油工业的革命化创举！不亚于当年信息产业的第二次浪潮！希望关心中国能源的都投入这一新浪潮！

飞剑鸿歌：2007-06-28 12:26:28

看不大懂。

但是—拜读了。

新浪网友：2007-06-28 12:32:34

人气很旺啊，看来大家很关心国家大事啊！

新浪网友：2007-06-28 12:54:57

中国的希望！大庆不是油多的很吗？但油价怎么那么贵啊！

冀东人：2007-06-28 16:03:03

思路开阔、目标明确、方案具体。针对油藏的复杂性和已有开发技术的局限性，利用最新的先进适用开发技术从根本上解决进一步提高油藏采收率并通过节能降耗、循环利用、提高效益建设绿色、科技油田，实现经济社会的和谐发展。

俘虏：2007-06-28 19:29:16

有些事情是需要勇气做的！

有些资源是需要去发现的！

你这样的领导是我爱戴的！

中石油是需要二次开采的！

开采后加油是要便宜点的！

这样同志们都会很高兴的！

hury：2007-06-28 21:13:44

非常有希望实现的目标！！！

北邙学子：2007-06-28 21:50:23

偶读到东坡居人的《二次开发工程》一文，感觉立意清新、设计严谨、气势恢宏，我把它看作是新时期中石油高层向“剩余难采资源”宣战的动员令，实在可喜！可贺！

油田开发前期采出的都是较为容易开采的部分，而留在地下的会越来越难以开采，可把它们统称为“剩余难采资源”，其数量相当巨大，大约占到总储量的80%左右。这其中有一部分是现行开发体系能够采出来的，但代价很大；绝大部分是现行开发体系所不能开采出来的，即文中提到的“不可采储量”。我理解二次开发工程既能更有效地采出原开发体系所预计可采出的那一部分，又能把原开发体系的“不可采储量”也经济有效地采出一部分来，这是一幅宏伟蓝图。

“二次开发”一词，多年前首先由大庆油田提出，但当时的内容较为单一；“深度开发”是韩大匡院士在1996年全国油田开发工作会议的发言中阐述过的一个概念，也还没有把它系统化起来。东坡居人在这里提出的二次开发或深度开发，则是条理清晰，内涵丰富，有着完整的构思。

我理解，二次开发应是对现行开发体系全方位的大改造，包括大范围的注水开发油田、以吞吐方式开发的重油油田以及实施三次采油的地区等，都有二次开发的问题。因为通过重新构建油藏模型、重新组合井网和强化新的工程技术支撑系统，都会对原有的认识和做法带来新的冲击，都有助于提高这些地区的资源利用程度。

希望我国采油业的领导层，能抓住高油价运行的大好时机，全面推行二次开发工程，如是，则国家幸甚，企业幸甚，百姓幸甚！

飞鱼：2007-06-28 22:12:34

这篇文章昨天看过，等飞机的时候认真想了想，但还需要整理一下，今天累了，明天再来。

老树根：2007-06-29 06:45:10

楼上楼才是真大家，看到了实质问题所在，而且掷地有声，见解透彻，业务精深，分析到位，是了不起的，敬佩！

山石雨：2007-06-29 07:34:18

我同意二次开发是油田开发史上的一次革命的说法。二次开发某种程度上来说是新形势和新时代下赋予油田开发的根本性措施，从开发长远来看是极有意义的，资源的高程度利用，安全、环保建设的需要，都会在评价二次开发经济效益的同时，更加突出其社会效益。其实其它行业中，如首钢的外迁，部分城市大专院校的重新整体规划建设与油田的二次开发有相通的理念，只要论证好经济、社会效益，考虑到近期与长远效益，科学决策，二次开发会给老油田开发带来更好的明天！

东坡居人：2007-06-29 08:13:25

北邙（邙是山名，即邙山，在河南）学子高人！愿请教，聆听高见！

老树根：2007-06-29 08:22:07

北邙学子肯定是一位王乃举式的大开发专家！致敬！像这样的专家不多了，现在的大多浮躁，只想当大官往上爬，官多大都不够，没有心思去考虑老油田二次开发问题了。

建设大油田：2007-07-01 09:34:41

先进的开发理念，老油田再现青春的有效途径。

闲人：2007-07-01 20:40:58

说白了，就是把地球再榨一次，榨干为止。

“最大限度”？什么叫个最大限度？还扯淡可持续发展！

就凭现在陕北那儿长庆油田和延长油矿为了争夺那点油，拼个你死我活，恨不得都赶快把油采到自己那里，别说二次开发了，二十次都可以了。

lili：2007-07-02 07:32:16

“秀才遇见兵，有理说不清。”哈哈！！！

华北油田：2007-07-02 08:50:14（首页）

华北油田对“二次开发工程”的认识与建议

一、认识

研究探索合理的油田开发举措、方式和技术经济政策，不断提高油田采收率，一直是油田开发人员矢志不渝追寻的课题。作为油田开发行业的工作导向，更是在带动全行业不断提高工作水平上起着重要的作用。在陆上油田普遍进入高含水开发后期的今天，胡总不失时机的提出了实施“二次开发工程”的工作号召。华北油田分公司收到“二次开发工程”内容摘要后，及时组织开发系统各部门，结合华北油田的实际进行了认真的讨论，认为："二次开发工程”的提出是在国家石油资源相对短缺，供需矛盾日益突出，陆上油田大多数已处于常规注水开发后期阶段的背景条件下，提出的一项新的工作思路和工作举措。提出和推行这一工作举措对充分利用国家石油资源具有重大的战略意义；对提升油田开发工作水平和技术进步具有积极的推动作用，由此将带来油田开发的一场新的变革，将开创出油田开发新的工作局面，其战略意义和现实作用十分巨大。“二次开发工程”的工作部署及措施考虑全面，符合实际，便于推进。我们表示积极的拥护和赞同，华北油田将认真组织落实“二次开发工程”的各项工作措施。

2007-07-02 08:47:56 (上接)

二、华北油田现状

华北油田以老油田开发为主体，可采储量采出程度 82.6%，综合含水 83.1%，标定采收率 27.8%，总体上已进入中后期开发阶段。

华北油田在储采资源接替状况上，尽管做了大量艰苦细致的工作，但目前资源接替紧张的矛盾并未从根本上得到解决。在此形势下，将着眼点放在老油田的深度开发上，最大限度地提高探明储量动用程度，持续培育油气产量增长点，无疑是实现油田稳定发展的现实途径。

统计表明，“八五”以前投产的老油田地质储量与可采储量分别占总储量的 67% 和 75%，其产量比例占总产量的 38.3%，综合含水达到了 86.5%，可采储量采出程度已高达 92%，平均标定采收率为 31.2%。这类油田表现出的主要问题：一是注水开发的三大矛盾充分暴露，水油比持续上升，开发效益不断变差；二是剩余油分布复杂，挖潜工艺措施的适应性和增产效果明显变差，直接影响着油藏的稳产状况及采收率的提高；三是油藏井况条件明显恶化，油水井套变、套损现象普遍发生，造成油藏的分层治理工作举步维艰。要进一步提高这类油藏的采收率，改善开发状况，必须采取新的开发思路和工作举措。按目前的年产量计算，如果将这些油田采收率提高10%～15%，那么华北油田开采年限将延长13年到20年。因此，这类油田尽管开采时间较长，但仍然蕴藏着较大的潜力。

华北油田还存在相当数量的油藏，其开采年限较短（小于20年）、长期处于低产低效的状况。统计结果表明，采油速度小于0.5%的低效开发区块共有60个，占总开发区块数量的28%，其地质储量占已开发油田的12.6%，但其产量比例仅占油田总产量的9.8%。综合含水达到了88.1%，可采储量采出程度59.4%。这类油田存在的突出矛盾：一是储层物性条件差，井网控制程度偏低，造成水驱状况较差；二是储层非均质性严重，分层治理、改造工艺技术不配套，导致注水开发矛盾过早暴露，稳产状况急剧恶化，直至长期低产低效；三是开发成本高，生产效益低下；四是油藏采收率低，平均标定采收率仅18.6%。因此，在这类油藏上推行“二次开发工程”新举措，进一步提高油藏采收率和开发效益的空间还较大。

2007-07-02 08:52:13 (上接)

三、工作设想及措施

推行“二次开发工程”成败的关键在于：工作理念的不断创新，油藏认识的根本突破，以及挖潜技术的优化和进步。华北油田将按照股份公司“二次开发工程”的工作部署积极组织落实，在全面开展“二次开发工程”潜力评价的基础上，本着“先试点，后推广，整体部署，分年实施”的原则，有序扎实推进该项工作，以争取较大幅度提高油藏采收率和开发生产效益。

初步安排推行“二次开发工程”的试点油藏：京11、留70、晋45、岔河集、留17等油藏。这些油藏均是投产20年以上的油藏，符合“二次开发工程”的实施条件。以上油藏大致可分为三种类型：一是高含水后期的整装油藏，经多年的开发，主力产层水淹状况已相当严重，低渗层段和部分井区仍存在较多的剩余油，如京11、晋45、留70油藏；二是低渗透油藏，由于井网密度的不适应，造成有效水驱状况差，如留17油藏；三是储层为河流相沉积，井网对储层的控制程度低，水驱状况差，如岔河集油田。对上述油藏计划先搞评价认识，摸清潜力，编制实施方案，分步安排实施。

在“二次开发工程”工作措施方面，结合华北油田实际情况，认为应重点加强以下工作措施：

一是大多数老油田三维地震资料品质较差，给准确认识油藏带来一定难度。因此，要加强三维地震重新采集和高精度资料解释工作，为重新认识油藏提供可靠的基础。

二是要尽快组织研发剩余油监测技术，加大监测资料录取投资力度，改变剩余油认识不清的现状，为指导老油田“二次开发工程”提供新的认识基础。

三是深入开展油藏精细描述工作，摸清潜力分布及类型，切实搞好实施“二次开发工程”的潜力评价及方案编制。

四是注重井网调整工作，以适应挖掘老油田剩余油的工作需要。事实表明，大多数油田开发状况差的根本原因在于井网控制程度低，严重影响了水驱开发状况。因此，要在技术经济评价的基础上，考虑重新部署井网，采用从式井、水平井、侧钻水平井、平台式水平井等方式挖掘不同储层的剩余油，实现储量控制程度和水驱控制程度最大化，较大幅度提高油田采收率。

五是在合理井网调整基础上，充分发挥常规水驱开发的优势，不断优化注采关系，最大限度的提高水驱采收率。

六是尽快研发2+3高效组合开采技术，提高工艺措施在油田开发后期的针对性和实效性。

2007-07-02 08:53:19（上接）

四、几点建议

结合华北油田开发实际，针对“二次开发工程”中涉及到的一些问题，特提出以下几点建议：

一是“二次开发工程”定义中，将“传统的一次开发基本达到极限状态”改为“常规的注水开发基本达到极限状态”，更为合理些。因为通常将天然能量衰竭式开采理解为一次开发。

二是建议将采用常规开发技术而长期处于低效低产状况的油藏纳入二次开发工程实施范畴。

三是采收率目标值设置建议为：在现基础上提高采收率 10% ~ 15% 左右，并将采收率达到 50% 作为工作目标。对采收率的起步值不应作数量上的要求。

四是“二次开发工程”要建立新的技术经济评价体系，将界限值确定为：在市场油价条件下，以微利为基本原则，主要考虑充分利用已探明油气资源，解决我国能源安全为主。为“二次开发工程”的实施争取更加宽松的经济投资环境。

五是在工作部署中建议将监测技术的研发放在更加突出的位置。

东坡居人：2007-07-02 12:23:18

华北油田同志的工作认真态度令人敬佩。建议合理。谢谢！

川龙：2007-07-02 13:30:37

先生的博客已然成为了石油界学术讨论大课堂，可以给与石油行业多少有关的诸位提供许多新思路、新观念，还可以给与此行业无关但是关注油气工业的热心人提供许多启蒙信息和知识。细读本篇“二次开发工程”的立文和评论，真的获益匪浅。

我要学习：2007-07-02 19:51:56

为什么下限比上限要高？

咖啡豆：2007-07-03 13:23:35

有二次就有一次，需要讲清楚两者之间的本质区别。基础、理论、技术，需要发展完善，形成系统工程。

同行：2007-07-03 17:47:19

二次开发的提出是基于中石油开发现状，对近年来在油气开发上采取的系列措施，诸如油藏精细描述、地面优化简化、重大开发试验等进行深化、提高的基础上提出并逐步发展的，是理论和实践的总结与升华。也可看作是东坡居人的心血之作。不同的油田可以按照二次开发的思路，结合自身特点，开展有针对性的工作，要注意实施的时机，并纳入油田发展的总体规划。老油田是石油人的衣食父母，要尊重它，理解它，精心呵护它。

胸怀未来：2007-07-04 13:56:27

老油田高含水阶段的二次开发的关键点是：落实的剩余油在纵向和平面上分布在哪里，也就是落实资源量及其分布。因此重建地下地质认识体系应该进一步明确，是“以剩余油描述为目的的重建地下地质认识体系研究”，有了剩余油资源和分布规律认识做保障，二次开发就有了物质基础。

勘探是找油，如果找到了，就是完整的一坛子蜂蜜；

二次开发是找剩余油，一坛子蜂蜜已经被好多人用好多吸管吸走了好多，省下的在哪里，怎么继续把它们吸出来，难度不亚于发现一个新油田，需要耐心和信心。

建设大油田：2007-07-05 15:39:26

二次开发内涵丰富，意义深远，预期效益巨大，体现了作者的气派，是老油田再次焕发青春的绝好机遇。要实现二次开发需要立足：高精度三维地震资料采集、高质量三维地震资料处理、高精度三维地震资料解释、高精度新测井技术的广泛应用、高精度饱和度测井。

云中白鸽：2007-07-06 15:20:10

您，掀起了一次二次开发的学术讨论浪潮。

二次开发，和二次采油是有本质区别的，但准确定义和正确理解，并非易事。建立科学的开发方案，选择适用的技术手段，则需要冲破原有思维方式，有点像把双眼强力聚集看三维画的感觉（不知您体验过没有）。

乐观地看等世界，乐观地对待中国石油天然气勘探开发，是您的可敬可爱之处。

如何看待中国的油气资源，历来争议不断。低渗透、低丰度、低产、高含水、规模小、开发难度大等等困难，曾让很多业内人士失去信心，把产量递减和找不到大油气田当作必然。可你不是，以革命乐观主义来从事你热爱的勘探开发事业，带领技术人员创造了具有世界水平的特低渗透开发配套技术和理论。

所以我相信，二次开发一定有着美好的未来。(英子)

新浪网友：2007-07-18 09:41:11

五年前，我们就在这方面进行了技术储备，但自己没有认识这样深刻。两年前，我们进一步开展了这方面技术研究，形成了配套的技术，但讲出去没有人认可，三次采油之后二次采油不是走老路，而是创新，是在原有认识基础上的突破。老油田给我们还留有采油技术发展空间，地质进一步精细空间，在这基础上展开工作就能使老油田焕发第三春、第四春……

新浪网友：2007-07-19 21:59:50

提要很大气，中国石油必须要重视老油田的挖潜，进一步提高水驱的采收率是一个有效的途径，但是人们要转变观念，提高多学科攻关的能力，在重新构建地下认识体系的基础上，工艺技术的配套发展是一个关键因素之一，要围绕注够水、注好水及精细分层结合特殊结构井等综合措施的实施，达到二次开发的目标，希望工程的人员要有一个超前的研究，迎接挑战。

云淡风清：2007-07-27 10:46:11

好文章，具有指导意义！油田开发到现在，必须需要走可持续发展的道路，二次开发对油田来说是一项历史性的工程。

午后残阳：2007-08-02 07:52:34

安塞油田的采收率25%，看来，只能先朝34%奋斗了！

学生：2007-08-03 16:34:02

二次开发是对一个油田开发观念上的一次革命。另一个角度是目前老油气田所必须经历的一个阶段，在扶余、老君庙开发和整体改造的经验之上，提出的一种开发方式。此办法妙处在于以下几点：1、解决了目前体制机制下老油田的投资问题；2、解决了喜新厌旧的问题，目前短期行为盛行，精力重点在新油田开发上面，老油田的精细工作无人关注，二次开发给老油田与新油田同样重要的地位，会重新得到关注；3、解决了头痛医头脚痛医脚的问题，二次开发是一次立体的、系统的、全方位的改造，是目前油价、技术和油田开发现状具备条件的情况下，具有全局意识的人从长计议的结果；4、解决了老油田稳产的问题，基础还是老油田的剩余储量，只有满足了老油田稳产条件，产量增长的结构发生变化，才能夯实产量增长的基础，才是良性的发展，这是一个明智的决策。这也是对资源利用必须负的责任，是一种负责的态度。干吧！

新浪网友：2007-08-12 15:52:58

也谈“二次开发”

公司提出的“二次开发”战略意义非常重大，“二次开发”是一种油气田开发的挖潜模式。但通常，油气勘探开发的模式被归纳为两种“远景模式(Prospectors) 和挖潜模式 (Processors)。

而远景模式主要解决寻找新的石油资源，来降低 E&P 总成本。挖潜模式则追求通过改善已知石油资源的效益状况获得最多的石油产量和效益。

随着低成本获得大规模石油储量机会的减少，挖潜模式表现出更强的环境适应性。除了在资本结构、资本预算、商业开发模式等方面有明显区别外，两种模式在获得技术的途径、技术选择和应用的方法、在不确定性评估中技术的角色以及技术对决策的影响方面也存在显著的差异。

远景模式则是作为外部扩张型的油田开发战略，战略部署的主要对象为新的石油资源，包括老油田扩边、进入本油田以外的其它矿权地区进行勘探开发。

挖潜模式则主要强调技术应用重于技术开发，注重通过高水平运用组合技术，极大地提高对资产不确定性因素的预测和控制，从而实施对老油田的有效/

高效开发。由于挖潜模式的开发战略是以技术应用为核心，不是仅靠增加投资就可以取得成功，也具有一定的风险。

远景模式是以投资为核心，力求以最小的投资获得最多的资源，其风险大，回报也大。

在公司资金不足时，两种模式的开发战略相互冲突，而在资金充裕时，两种战略可并行。

在社会、市场、经济政策条件许可的情况下，油公司应总是以远景模式的开发战略为主，以挖潜模式的开发战略为辅。

另外由于“二次开发”是一项系统工程，依具体思路谈个人一点看法：

1.“二次开发”首先要认真做好二次开发的潜力评价，说白了就是把家底搞清楚。

2.“二次开发”是系统工程离不开高水平的油藏管理和技术应用。因此，要搞清楚通过提高管理水平增加投资可以增加的储量或产量。诸如，老井重建/大修，完成现有井网等增加投资性作业活动占多少比例。靠现有技术应用和新技术推广占多少比例。而靠攻关抑制油气田开发的瓶颈技术占多少比例。只有这样，二次开发工程才可以靠实。

3.“二次开发”要组织研究不同类型油藏的筛选标准和开发标准，要具体研究不同类型油藏的开发指标，详细的技术对策。

4.实施“二次开发”的油田制定详细的地质、油藏、钻采及地面工程实施方案。

“二次开发”油藏管理是保障

重新构建地下认识体系是核心

组合技术应用和技术创新是关键

东坡居人：2007-09-02 13:37:59

中石油老油田“二次开发”工程正式启动

2007/7/24 15:21 来源：中国化工报

慧聪网化工讯：7月上旬在京召开的中国石油集团2007年上半年度油气开

发工作例会再次聚焦老油田，对老油田“二次开发”工作进行了动员和部署，标志着中国石油老油田“二次开发”工程正式全面启动。

中国石油70%的原油产量是老油田贡献的，老油田是保持原油产量箭头朝上的关键所在，其作用不可低估，近年来，中国石油加强了对老油田的开发研究。

据介绍，不论从油田开发的认识、观念、技术、管理还是油田服役年限、开发指标以及产生的巨大经济效益等方面来看，老油田“二次开发”是一个重大命题，是一项战略性的系统工程，是油田开发史上的一次革命。

股份公司副总裁胡文瑞在会上深入阐述了“二次开发”的重大意义和历史作用，并明确提出，要在潜力评价、整体部署、重大试验、技术示范、试点工程和攻关研究等方面深入开展工作，尽最大可能规避“二次开发”的技术经济风险，全面推进“二次开发”工作，实现大幅度提高采收率的工作目标。

据悉，中国石油近年来原油生产实现了稳定增长，但老油田挖潜难度日益增加，稳产基础有待加强。中国石油近几年开展的重大开发试验、室内研究以及油田公司实践和国外实例也都表明，高含水期仍然是老油田的重要开采阶段，目前的采收率仍有较大提升空间，老油田的价值将不断得到提升。

据介绍，“二次开发”是当老油田采用传统的一次开发达到极限状态或已达到弃置条件时，采用全新的理念，应用新二次采油技术，重新构建老油田新的开发体系，大幅度提高油田最终采收率，最大限度地获取地下石油资源，实现高效、安全、环保、节能开发。

老油田“二次开发”技术路线是基于“重构地下认识体系、重建井网结构、重组地面工艺流程”三个方面的新二次采油技术。“二次开发”的目标是大幅度提高采收率。

截至2006年底，中国石油集团标定的原油采收率为33.6%，通过“二次开发”，有望实现采收率大幅度提高，使中国石油的油田开发水平步入世界先进行列。

东北小石油：2007-09-22 15:24:43

最近搜集一点国外“二开”的老资料，共享！

第一个现象：在快速上产至高峰后，原油产量持续快速下降，老油田即将废弃；这些油田在历史上都有过生产的鼎盛期，但经历短暂的稳产期（有些油田没有稳产期）后，相继出现产量的快速下滑、开发效果迅速变差等相似问题，至其二次开发前（或其新拥有者接管之时）是一个废弃（或即将废弃）的区块，产量仅占其峰值时期的10%。如罗马什金油田，其主力生产层段泥盆系开发于1952年，在1970年产量达顶峰为81.5×10^6t/a，但1998年产油量降至11.2×10^6t，仅为其峰值产量的13.7%。此时所采出油量占探明原始可采储量的91.3%，油田几近废弃。Carpinteria油田，实施二次开发前的产量是其峰值产量的1/10但油田采出程度仅19%。还有南Ellwood油田和投产于1988年的Ebughu油田。

第二个现象：充分运用现代油藏经营管理的系列技术，实施油藏工程的认识与改造两大体系建设，油田产量和地质储量大幅度提高；主要包括两点：一是利用先进的油藏表征和3D可视化技术建立和刻画油藏三维地质模型，重新认识储层及其潜力状况；Ebughu油田从了解与薄油环开采有关的物理过程和油田开发原则出发，从建立简单的区域模型开始，形成Ebughu主力油田和西部油田的整体三维模型，通过模拟钻遇不同流动单元的大量水平井轨迹，发现和确定其中众多具有商业价值的水平井位。发现垂直井的采油价值大约是1口等效水平井的10%。二是采取包括水平井、侧钻水平井和二次完井等新技术构建油田井网体系，实施老油田二次高效开发。Carpinteria油田通过对6口导眼钻井分析和修井作业测试理论对地质模型的验证，利用从7 in套管井外钻直径$6^1/_8$in孔眼的小井眼水平井技术进行新井网部署。为油田极限采收率增加$15 \times 10^6 \sim 35 \times 10^6$bbl的原油产量。其中，通过修井作业新增开采原油958000STB（储罐桶数），费用相当于＄0.67/bbl。

新浪网友：2007-09-23 21:08:38

偶然百度到此文，博主写的不错，但感觉真正有思想的好象只有博主写的不错，其余漫骂的没有证据，跟风的没有创新，有本事的都没出来啊，大牛们都出来，让我们也好学习学习啊！

新浪网友：2007-09-27 07:54:37

作为中国石油新二次开发的试点单位，玉门油田老区块无论从产量规模、剩余可采储量、采收率的提升空间、储量的动用与接替，以及通过提液增油和技术进步等，都证实了老区依然是玉门油田稳产上产的基石，这就需要对老区块重新认识，进行二次开发，使老油田焕发青春。

“以老君庙油田为代表的玉门油田在开发了68年后，目前已全面进入多井低产时期，地下油水状况更加复杂，大量油水井套管变形、破裂，套坏率高，致使油田井网很不完善，套坏造成的井点损失使得区域储量难以有效动用，许多地下井网已‘名存实亡’，实施二次开发后，利用重新建立地下地质认识体、重新构建新井网、运用新工艺、新技术为契机，可以真正实现老区失控储量的有效动用，让老油田焕新颜，最终大幅度提高现有生产能力。”9月16日玉门油田公司总经理助理刘战君在接受记者采访时说。

玉门油田作为中国石油工业的摇篮，在近70年的开发历程中，经历了建产、高产、递减、稳产、后期开采五个阶段，是中国石油工业发展的缩影。

玉门油田提出要以精细油藏描述和剩余油分布规律认识为基础，以水平井规模应用为主要调整手段，重新构建部署适合目前地下油水分布的注采井网，并以先进的配套技术带动地面工艺流程的重建和优化，最大限度增加产量，挑战采收率极限，实现安全、环保、节能、高效的老油田新二次开发战略。

新浪网友：2007-09-27 07:54:58

目前，玉门油田已组织专业技术人员加强对老区块油藏的地质认识，采取井震结合、运用动态分析研究和新的油田监测技术更进一步精细认识油田基本构造和剩余油分布规律。在老君庙、鸭儿峡、白杨河等老区块，首先对井网进行重组，废弃原有的老开发井网，重新建立“直注平采”的开发井网。在开采方式上，玉门油田广泛应用水平井、定向井、丛式井和氮气欠平衡钻井技术，使新建井网更适应新二次开发的需要。

二次开发是一个系统工程，玉门油田针对老区块地面系统流程老化、能耗高、产油低、适应性差等实际，重新建立符合新二次开发要求的地面系统，将所有工艺流程简化为一级和一级半的布站方式，优化工艺设计方案，广泛应用高效节能设备，大幅度降低油田开发能耗，集成新的地面工程工艺技术，使新工艺、新技术、新材料较好地运用到二次开发中，把老油田建成真正的数字化、可视化油田。

据悉，在二次开发一期工程实施后，玉门油田老区块的产量将要从目前的 30×10^4t，上升至 50×10^4t，可采储量达到 815×10^4t，水驱采收率提高 8.3%。

正如中国石油股份公司副总裁胡文瑞所说："玉门油田老区块的高效开发是中国石油开发史上的一座丰碑，一个开发了近 70 年的老油田能够做到 30 年含水基本不升，30 年没有新增储量依然保持稳产，保持了较高的采收率，是世界水平，体现了玉门精神。"

玉门油田公司总经理孔繁瑾告诉记者："在以水平井技术、精细油藏描述技术、精细三维地震技术、高精度动态监测技术等为代表的当代先进油田开发技术支撑下，新二次开发的全面启动将使玉门油田进一步挑战水驱采收率极限，为玉门油田原油产量重上百万吨贡献力量。

茶之韵：2007-11-29 20:33:23

应该这样在重新开发一次。

油之春：2007-11-29 21:25:54

目前，在石油界，对二次开发给出完整、明确定义的，楼主是第一人！

此定义阐明了二次开发的对象（老油田）、条件（传统的一次开发基本达到极限状态或已达到弃置的条件的）、观念（全新的观念，区别于传统观念）、技术（新二次采油）、中心工作（重新构建油田新的开发体系）、目标（大幅度提高油田最终采收率，最大限度地获取地下石油资源）、实施效果（安全、环保、节能、高效开发油田）、宗旨（和谐油田、绿色油田，隐含于定义中），完备之至。

虽然此定义已经很完美，但本着精益求精的态度，晚辈对这个定义仍有几小点看法，还请楼主及专家学者指教：

(1) 定义中“传统的一次开发”中“一次”的含义是什么，肯定不是一次采油，是否可以去掉“一次”而改成“传统的开发方式”或其他?

(2)“大幅度提高油田最终采收率”，“最大限度地获取地下石油资源”是否有点重复，提高采收率的目的就是获取地下油气。

(3) 显然，现在的二次开发是针对油而不针对气，但随着气田的开发，如果采油注水开发，将来也可能出现在老油田出现的问题，为了扩大该定义的内涵，可否将“最大限度地获取地下石油资源”中的“石油”改为“油气”(这一点是吹毛求疵)。

油之春：2007-11-29 21:30:20 更正：

(3) 显然，现在的二次开发是针对油而不针对气，但随着气田的开发，如果气田也采用注水开发，将来也可能出现类似老油田现在出现的问题，为了扩大该定义的内涵，可否将“最大限度地获取地下石油资源”中的“石油”改为“油气”(这一点是吹毛求疵)。

冷雨热心人：2007-11-29 21:35:47

没有共产党，就没有新中国；

没有勘探(新勘探)，就没有新开发(新二次开发)。

这里的“新勘探”/“新二次开发”都具有地质学和经济学的双重意义。是指在当今技术进展条件下的油气勘探开发活动。

支持斑竹学术观点，比起寻找整装规模大油田，通过充分利用水平井/精细油藏描述/合理注水(或气/聚/泡等)等手段，有效提高采收率，将地下油尽量拿出来，是我们当前最现实/最有效手段。

带领同仁干吧！

塞外高原：2007-11-29 21:42:48

每次从你这儿总能学到点儿东西，真是不虚此行呵！

古道西风：2007-11-29 22:53:10

的确是激动人心而又庞大、事无巨细的工程，关键在于各二级生产单位的执行力度如何。

知行：2007-11-30 07:27:38

转北邙学子文章

偶读到东坡居人的《二次开发工程》一文，感觉立意清新、设计严谨、气势恢宏，我把它看作是新时期中石油高层向“剩余难采资源”宣战的动员令，实在可喜！可贺！

油田开发前期采出的都是较为容易开采的部分，而留在地下的会越来越难以开采，可把它们统称为“剩余难采资源”，其数量相当巨大，大约占到总储量的80%左右。这其中有一部分是现行开发体系能够采出来的，但代价很大；绝大部分是现行开发体系所不能开采出来的，即文中提到的“不可采储量”。我理解二次开发工程既能更有效地采出原开发体系所预计可采出的那一部分，又能把原开发体系的“不可采储量”也经济有效地采出一部分来，这是一幅宏伟蓝图。

“二次开发”一词，多年前首先由大庆油田提出，但当时的内容较为单一；“深度开发”是韩大匡院士在1996年全国油田开发工作会议的发言中阐述过的一个概念，也还没有把它系统化起来。东坡居人在这里提出的二次开发或深度开发，则是条理清晰，内涵丰富，有着完整的构思。

我理解，二次开发应是对现行开发体系全方位的大改造，包括大范围的注水开发油田、以吞吐方式开发的重油油田以及实施三次采油的地区等，都有二次开发的问题。因为通过重新构建油藏模型、重新组合井网和强化新的工程技术支撑系统，都会对原有的认识和做法带来新的冲击，都有助于提高这些地区的资源利用程度。

希望我国采油业的领导层，能抓住高油价运行的大好时机，全面推行二次开发工程，如是，则国家幸甚，企业幸甚，百姓幸甚！

新浪网友：2007-11-30 17:21:39

老油田的二次开发不仅要依靠新二次采油技术，更要有先进的管理理念、管理方式与管理手段。尤其现在提倡的节能减排，转变经济增长方式的形势下，关键在管理。

我在企业高级信息管理师培训班参加培训时，老师讲了个故事，给我留下深刻印象。北大、清华的教授们和一些国内知名企业的老总们一起用餐。用餐时转动的餐桌出了问题，总往一边歪。这时候大学的教授们就说：这是个技术问题，用什么什么样的技术完全可以设计出更好的转动餐桌。企业家们则说这是管理问题，经理应该制定餐桌管理制度，由专人定时负责检查用餐设备，及时维修就可以避免出现这样的问题。

我比较赞同企业家的意见。在这么小小的餐桌不值得为之运用什么高端技术，不仅提高成本，还不能保证它不会再出问题。而提高管理意识及水平，就能从根本上杜绝问题的发生。

在油田的管理上也是如此。突破技术瓶颈需要高端技术，但持续的发展更需要加强管理 。

新浪网友：2007-11-30 18:29:08

不是很懂，但支持楼主。

休迪：2007-11-30 19:34:33

长知识了

新浪网友：2007-11-30 19:42:00

太专业了！顶一下！

油星儿：2007-11-30 19:43:55

中国石油 70% 的原油产量是老油田贡献的，老油田是保持原油产量箭头朝上的关键所在，其作用不可低估。

老胡：2007-11-30 19:58:43

靠高新技术二次开发利国利民，意义重大！

天涯湘草：2007-11-30 20:00:10

从动用储量和年产油量来看，老油田仍是油田开发的主体，进入“双高”开采阶段的老油田产量和剩余可采储量分别占79%和73%，说明高含水期仍是我国陆相油藏重要的开发阶段。而事实也证明，开发10年以上的老油田仍是中国石油原油生产的主力军。此外，中国石油近几年开展的重大开发试验及国内外实践都表明，老油田高含水期蕴藏着巨大的开发潜力，如果通过应用新二次采油等新技术对老油田进行二次开发，老油田的价值将得到不断提升。

新浪网友：2007-11-30 20:01:37

不论从油田开发的认识、观念、技术、管理还是油田服役年限、开发指标以及产生的巨大经济效益等方面来看，老油田“二次开发”是一个重大命题，是一项战略性的系统工程，是油田开发史上的一次革命。

狼图腾：2007-11-30 20:32:27

在当前能源形势下，不论从油田开发的认识、观念、技术、管理，还是油田服役年限、开发指标及产生的巨大经济效益等方面来看，老油田“二次开发”都是一个重大命题。

中油边区人：2007-11-30 22:09:04

原老油田二次开发示范工程获得成功，这必将为中石油走向辉煌的又一个希望工程！

石油人：2007-11-30 23:19:35

新二次采油技术是介于老二次采油技术与三次采油技术之间的技术。具体来讲就是在对已有地下认识和开发系统进行评价的基础上，淘汰和废弃不适应油田开发的资料、油井和地面设备，重新录取新的油田地质和开发资料，重构新的地下认识体系，采用新思路、新技术、新工艺、新设备，重建新的开发系统，大幅度提高采收率，实现安全、环保、节能、高效开发。

雨中飞鹭：2007-11-30 23:21:37

老油田的历史贡献在昨天，发展在今天，未来和希望在明天。

山野村夫：2007-11-30 23:31:30

长见识，看来是专家了。

油气冲天：2007-12-01 13:04:20

“二次开发”是中国石油启动的战略性资源系统工程，被誉为“油田开发历史上的一次革命”。辽河油田公司既是这一全新理念的先行者，也是成功的实践者。二次开发为其打开了一扇全新的增产大门，也为中国石油的老油田重焕青春燃起了希望。

油气冲天：2007-12-01 13:06:36

为中国石油喝彩！为二次开发叫好！

新浪网友：2007-12-01 13:09:23

“看到久违的井架，就如同看到了新生。”

天边独雁：2007-12-01 13:34:04

中国石油的老油田二次开发应该是楼主您提出来的吧！刚才看了关于中石油的二次开发，好多都是您的讲话和分析。佩服！

新浪网友：2007-12-01 14:30:51

二次开发是一项大规模的系统工程，需要相当大的研究力量。老油田比新油田复杂，地下油水鱼目混珠，技术要求更高。

彩云飞：2007-12-01 14:32:05

资源是有限的，智慧是无限的。

大庆石油人：2007-12-01 15:21:53

二次开发是应该有个概念了，但需要有许多新技术做支撑。钻井、地面工艺等的创新不但可以节约大量的开发投资，还可以带来许多革命性的改变。我感觉还会有难题，各油田情况不一样，老油田更复杂，不可能简单的去推广一些技术，路应该还会很长，大有希望。谢谢！

新浪网友：2007-12-01 15:51:16

北卬学人也是个大家，看来的确“山外青山，楼外楼”。高人有的是。

新浪网友：2007-12-01 16:00:23

技术跟得上吗？管理呢？很多问题！

新浪网友：2007-12-01 21:17:05

宏图！

新浪网友：2007-12-01 21:33:49

还是胡总敢说敢干。

洛可可：2007-12-01 22:45:59

雄才大略，大专业；心怀石油，沥心血；开拓创新，永不灭。

木支木华：2007-12-01 22:52:41

您对老油田二次开发的定义与概括具有建树性；我想不止于油，气也是如此，真希望有更多的探讨和更好更快的执行力。

泉友：2007-12-01 22:58:12

应用新的二次采油技术，对老油田实施二次开发，重新构建油田新的开发体系，大幅度提高油田最终采收率。——泉友欣赏二次开发！

霜寒月色：2007-12-02 01:47:50

对石油知之不多，今年去过大庆，很感慨当时的艰苦和精神。

正确的战略与精密战术，是成事的必要条件吧！

新浪网友：2007-12-02 02:26:23

老油田二次利用即可以节约资源又可以节约成本。当然支持。

守望者：2007-12-02 02:31:15

奉献能源，互利共赢。

新浪网友：2007-12-02 10:30:40

二次开发是长征，最后会取得胜利！不是走麦城。

新浪网友：2007-12-02 10:34:40

气势如虹的探索！

ep：2007-12-02 11:00:34

试点工程：辽河稠油、克拉玛依西北缘、冀东老区、老君庙、扶余、港西。

新浪网友：2007-12-02 11:04:13

不容易啊！

钟老汉：2007-12-03 07:42:07

中国石油的开发成果显著，技术水平领先。

飞鱼：2007-12-03 08:24:03

技术含量相当高。

川龙：2007-12-03 09:33:40

支持新二次开发！其实，中国石油在老油田挖潜增效方面始终走在了世界的前列，我们的新技术新经验不仅要在国内推广，还应该走向世界。

新浪网友：2007-12-03 10:57:22

二次开发是在一次开发基础上的开发，开发对象更趋复杂，技术要求更高，风险巨大，需要丰富的资料和新技术的支持。

老智：2007-12-03 10:59:28

老油田比新油田复杂，技术含量更高。

新浪网友：2007-12-03 11:02:14

还是胡总有魄力，敢说敢干！佩服！

潇萧雨桐：2007-12-03 11:04:54

智慧不仅要发现事物的规律性，还要有所创新和增加。

新浪网友：2007-12-03 11:09:06

让中国石油的老油田重焕青春，支持。

六一：2007-12-03 11:11:37

二次腾飞，实践再实践，认识再认识之路。

新浪网友：2007-12-03 11:32:14

应采纳“油之春”意见。

此定义阐明了二次开发的对象（老油田）、条件（传统的一次开发基本达到极限状态或已达到弃置的条件的）、观念（全新的观念，区别于传统观念）、技术（新二次采油）、中心工作（重新构建油田新的开发体系）、目标（大幅度提高油田最终采收率，最大限度地获取地下石油资源）、实施效果（安全、环保、节能、高效开发油田）、宗旨（和谐油田、绿色油田，隐含于定义中），完备之至。

水深潺潺：2007-12-03 13:37:28

重新构建地下新的认识体系：精细三维地震技术、高精度动态监测技术、精细油藏描述技术、储层结构精细刻画技术，搞清剩余油分布。资料数据自动录入，方案自动生成。建成数字化油田。这点是基础，认清楚地下才是最重要的。

坡边桃花：2007-12-04 12:03:27

虽然不是很懂，但支持东坡居人先生，二次开发至少能减少对资源的浪费。一件事情觉得对就应该去实现它，更何况你有这个决定权！支持！

白杨：2007-12-04 12:39:39

还是干大事的人看得远！

白杨：2007-12-04 12:40:08

还是干大事的人看得远！

西北：2007-12-04 17:32:41

“两会”期间，全国人大代表、中国石油副总裁胡文瑞有一段经典语录：“‘垄断’不是贬义词，而应该看代表了谁的利益，如果垄断体现了国家的利益，代表了人民的利益，那么就不是通常意义上的‘垄断’。”此言一出，舆论哗然。

网友浪新：2007-12-04 18:49:08

这方面您就是专家和权威！

网友浪新：2007-12-04 18:51:59

西北所言之人可是楼主？

江汉丽人：2007-12-04 19:48:27

这的确是个利国利民的好事，可您是领导在这里说的头头是道，到了下面如何落实又另当别论了。

老赛克：2007-12-05 13:38:11

油气储量在勘探家的脑子里。

油气产量在开发家的掌心里。

新的理念铸就新的飞跃！

山石雨：2007-12-06 10:43:35

中国石油的领导敢于开启二次开发的工程，具有时代的雄心和魄力，这场开发史上的革命，将使不可再生的能源最大限度地发挥效力，利国利民。重新构建地下新的认识体系，建立数字化油藏这项系统工程将是二次开发的前提和基础，加快这项工作的实施对于不断扩大二次开发规模十分必要。

潇雨：2007-12-07 11:19:27

在老油田二次开发问题上您才是真正的专家。

新浪网友：2007-12-07 19:26:25

中国石油的领导敢于开启二次开发的工程，具有时代的雄心和魄力，这场开发史上的革命，将使不可再生的能源最大限度地发挥效力，利国利民。重新构建地下新的认识体系，建立数字化油藏这项系统工程将是二次开发的前提和基础，加快这项工作的实施对于不断扩大二次开发规模十分必要。

赞同

昔日采油人：2007-12-13 08:55:43

二次开发，就是把老油田当成新油田，而且是个位置明确的新油田来开发，储量只比原来少了20%～30%，也是一个很壮观的数字。但风险和难度超过新油田开发。必须要有配套的激励机制，鼓励创新，允许出错。是精细化的具体体现。油田如此，人亦如此，万物都如此。不同时期，都需要重新认识和开发。

李清高：2007-12-14 08:18:05

节约资源的举措。新技术新机器的应用。

柔风细雨：2007-12-16 12:13:33

以上都是赞成意见，请听点不同声音

1）“二次开发”好响亮的名称，可为什么非到了极限状态，或达到弃置条件，再采用全新的概念、新采油技术呢，为何不能提早考虑？

2）辽河的稠油油藏很多是可以转蒸汽驱开发的，应该在初期投入开发时就纳入设计考虑，但是现在很多是到了蒸汽吞吐的极限状态再考虑转驱，油田设施老化、井损害严重，造成二次投入很大呀。

3）建成数字化油田，这在国外早就实现了，关键是如何用在开发管理中。

4）吹毛求疵“资料数据自动录入，方案自动生成”没有人工操作，数据能自动录入吗？自动生成的方案能用吗？

油之春：2007-12-19 16:02:55

回“柔风细雨”(仅代表我的理解，与博主无关)：

我对二次开发知之不多，现就您提到的几个方面跟您商榷，请多指教。

1）目前中石油老油田或区块比较多，但采出程度等开采状况却不尽相同，而二次开发投入不菲，哪个油田先进行二次开发？“极限状态或已达到弃置的条件”提出了一个筛选标准。油田或区块在开发之初应该采用的都是当时比较先进的理念技术，但跟若干年后现在的科技发展程度相比，一般是“旧的、落后的”技术，所以现在进行二次开发，就要采用相对现在的全新的概念、新采油技术了。

2）稠油开发，我知之甚少。如果从经济技术考虑能够转蒸汽驱，确实有个合适时机问题。

3）赞成您的观点，所以中石油正在向这个方向努力。

4）“资料数据自动录入，方案自动生成”大概应该理解成科技含量比较高、自动化程度比较高的意思吧。

欢迎批评指正。

建议“柔风细雨”也开个博客发表您的观点，以便讨论。

油鬼子：2007-12-21 14:59:19

马克思恩格斯早就说过“我们只能在我们时代的条件下进行认识，而且这些条件达到什么程度，我们便认识到什么程度”。

所谓二次采油无非就是随着科学的技术进步，把未达到开采极限的那部分残余油采出来罢了。(首要问题是研究采油极限值）倘若一油藏已达到开采极限，别说二次开发，就是十次开发也无济于事！！

油鬼子：2007-12-25 08:55:14

残余油的开发还有一个值得研究的问题是成本问题，倘若开发成本大于采出成本，所谓二次采油只不过是个说说玩儿而已。

建设大油田：2007-12-26 10:25:46

二次开发无论是在开发理念、开发技术、还是在开发人的思想观念上都是一场革命，“三大三小”示范工程意义深远，具体实施是否要有相关的政策支持，比如：单井产量界限值、经济界限、弃置资产政策、建设规模等等，当然还有因为技术的局限带来的认识方面的风险等。我认为一个理念要转化为规模的生产能力需要多种条件的共同支撑。同时我也坚信二次开发也一定能取得辉煌的成就。

油鬼子：2007-12-26 16:33:35

自由是被认识的必然。我们不企求“永生”的油田，却追求在获得最大经济效益的前提下，使更多黑色金子从低下流出。这才是二次采油说的实质！！！

油之春：2007-12-26 22:56:27

二次开发的理念就是“挑战极限”，是通过应用新理论、新技术，在经济、环保的前提下，把原来没有认识到的储量认识到，把原来的不可动用储量动用起来，把原来认为不能开采的油气采出来，使原来认为达到开采极限接近废弃的的油田重新生产、“焕发青春”，不断提高油田的采出程度！

文盲油大头：2007-12-27 16:39:58

“挑战极限”“焕发青春”作为政治口号还真不错！但不知开发已达到极限和接近废弃的油藏是否不需要资金成本的投入？或让我们用嘴把它吹出来！

鲁章明秀：2007-12-29 16:37:14

二次开发，功在当代，利在千秋！

胡总可谓居功至伟。

油之春：2007-12-29 23:00:54

“挑战极限”、“焕发青春”决不是随便喊喊的口号，而是根据我国油田（尤其是老油田）开发的现实和国内外油田开发发展趋势提出的实实在在的行动指南和奋斗目标。目前，我国油气田开发已进入高含水和高采出程度的“双高”阶段，老油田数量越来越多，含水越来越高，单井日产量越来越少，井况日趋恶化，生产成本越来越高，开发难度越来越大。由于新发现的储量越来越少，品位也越来越差，目前大部分的油气产量仍由老油田提供，大部分的剩余可采储量仍在老油田地下，因此，老油田仍是油气田开发的重要对象，“老油田是个宝”。面对严峻的老油田开发形势，怎么办？是顺其自然，“做一天和尚撞一天钟”，还是依靠不断发展的新理论、新技术，迎难而上有所作为？中石油领导选择了后者，做出了老油田“二次开发”的决定，制定了二次开发的技术路线和实施步骤。二次开发的对象是老油田，含水高，产量低，成本高，效益低，采收率已经相对较高，接近目前开发方式下开发的极限。开发这样的油田，不同于开发新油田，也不同于开发“壮年”油田，必须采用不同的开发方式和开发理念。在明知提高采收率已相当困难得前提下，坚持采用新二次采油技术进一步提高采收率，挑战目前采收率的极限。国内的辽河、玉门等油田在二次开发的探索尝试中取得了初步成功，老油田“焕发了青春”，国外油公司开发的Miller、罗马什金、Statfjord、Gullfaks等油田的采收率已经达到60%以上，国内外油气田开发的事实也证明，老油田进一步提高采收率是可行的，“挑战极限”是能够取得成功的。

二次开发涉及地质、油藏、采油、输送等诸多方面，需要一定的投资，有一定的技术和经济风险，是一项艰巨复杂的系统工程。在中石油领导的带领和支持下，在广大石油技术和生产工作者辛勤汗水浇灌下，二次开发一定能茁壮成长、枝繁叶茂，红宝石之花一定会缤纷绚烂。

油之春：2007-12-29 23:01:40

以上为个人观点，欢迎指正。

真人：2007-12-29 23:11:21

油之春是位行家，而且是个战略实践者，庆幸中国石油有人才，而不是人财。

文盲油大头：2008-01-25 14:59:38

油大头终于弄明白了，所谓“二次开发”就是把以前算错了的探明储量和采收率再重新算一遍。把算错了的那部分剩余油再采出来就是了。谢谢了，各位大学者大专家们！

新浪网友：2008-03-04 08:59:33

实现“二次开发”可需要大的投入，还需要从投资体制上解决一些本质的问题。

北方闲人：2008-03-18 17:11:34

关于老油田二次开发，我想发表一些我个人看法。

第一，明确地提出对老油田进行系统的研究，主要采取水驱的方法提高油田采收率，改善油田开发效果。是及时和必要的。我完全赞成，并对您的洞察力和决策力表示非常钦佩。

第二，对您提出的三条技术路线，感觉到不完善。重新构建地下新的认识体系、重建井网结构、重组地面工艺流程，这样三条技术路线都是应该做的。但是，没有如何提高采收率的方法。提高采收率的方法是关键的、核心的问题。缺少最核心的技术路线，因此，我认为上述三条技术路线是不完善的。

第三，“新二次采油”的提法，我认为是值得商榷的。按照油田开发通常的概念，一次采油是天然能量采油，二次采油一般是指水驱开发，三次采油是指水驱后采取新的驱动方式的采油方法，如化学驱、气驱、热采等。如果不采取新的驱动方式，采收率提高10%以上是无法办到的。如果采用新的驱动方式，就是三次采油，也就不是二次采油了。用“新二次采油”还不如用“三次采油”这个概念。如果按照一个油田几次调整就是几次开发，有的油田已经调整好多次了。就是说已经过了几次开发，“新二次开发”已不知道是几次开发了。如果是介于二、三次采油之间的开发技术，又把人的思路锁在了一个很狭窄的范围内。

话又说回来，这样有点斤斤计较了。实际上，叫什么并不重要，重要的是做什么。只要能把采收率提高10%那将是功德无量的丰功伟绩。

第四，注入水低效无效循环是老油田开发的主要问题。“新二次开发”必须解决这个问题。和找到剩余油、挖掘剩余油同样重要。是无法绕过去的问题。这是老油田开发调整的两个方面，同等重要，必须在研究技术路线是给予考虑和重视。只有沿着这两个方向，解决这两个问题才能实现大幅度提高采收率的目标。

第五，在推进“新二次开发”的过程中，不同的油田应区别对待。特别是要强调不同油田地质性质的差别、开发状况的差别，互相学习、取长补短。这是第一步，也最容易达到、最容易做到的。第二步，重点研究解决大幅度提高采收率技术问题。第三步，推广应用。

第六，强调与三次采油的结合。

胡乱发表意见，权做批判的靶子。

新浪网友：2008-03-27 14:34:05

“二次开发”应该走经济节约的路线，目的是提高采收率，并不一定非要形而上学地强调走“三重路线”。法国道达尔公司的理念是“采出地层下的每一个碳氢分子”，我很喜欢。

新浪网友：2008-04-14 13:48:30

二次开发将首先冲击各种类型油田采收率一般认识，其次是对一些技术必然优胜劣汰。是认识的革命，也是技术的革命！

小周：2008-11-10 13:31:32

“二次开发的根本目的在于提高油田最终采收率”——赞！！！二次开发更

是对大自然、对我们事业的一种敬畏！！！

小周：2008-11-10 13:35:59

二次开发也是企业由粗放向精细经营发展的必然……技术我不懂，但二次开发的重要性，是可以理解的。

liza：2008-11-10 14:25:34

二次开发可能存在成本收支，还有就是技术手段的问题。

小学生：2008-11-10 15:35:57

这篇二次开发宏论，积淀了作者三十多年从事石油开发事业成功与失败的心得，指出了老油田焕发二次生命的出路所在。对中国乃至世界老油田开发都具有重要指导意义，是一篇里程碑式的文章。恰逢此时国际油价跌宕起伏，如何经营好已经开发的老油田，如何延长它们的生命，正成为所有能源投资家和尤其勘探开发专家当前的第一要务，所以，这又使此论文具有重要现实意义。

小学生：2008-11-10 15:38:39

此文应该成为指导中国石油二次开发事业的纲领性文件。

海阔天空：2008-11-10 15:50:28

期待快快看到您的每一部分论述。

油之春：2008-11-10 20:22:15

二次开发是油气田开发的必然选择，是一项伟大而富有挑战的事业。从提纲可以看出，这篇论著既是对国内外老油田开发探索的深刻剖析和系统总结，又是对二次开发事业的宏观指导和战略部署，是我国二次开发事业正式开始的标志，是我国老油田二次开发的奠基之作。

期待下文。

煤层气之家：2008-11-10 21:47:17

油田二次开发，是油田开发的一次革命。博主为此倾注了大量的心血，既是理论的提出者，也是践行者，领导和主持了多项油田“重大开发试验”、技术“示范工程”，并已取得丰硕成果。博主辛苦了！望博主保重身体！

乐乐：2008-11-11 09:53:45

国家的栋梁，人民的需要！

护卫国旗的战士：2008-11-11 09:57:27

二次开发是一场令老油田焕发青春的技术创新硬仗。

新浪网友：2008-11-11 10:00:02

二次开发项目部主要任务是：潜心研究潜力区块；精细油藏描述；二次开发实施方案落实、难题攻关；促进二次开发早出成果、早见效益。

小周：2008-11-11 10:03:55

楼上网友的话一看有“东西”呀……

胡杨：2008-11-11 10:40:59

中国石油近几年开展的重大开发试验及国内外实践都表明，老油田高含水期蕴藏着巨大的开发潜力，如果通过应用新二次采油等新技术对老油田进行二次开发，老油田的价值将得到不断提升。

小周：2008-11-11 15:15:23

二次开发就是“开源”，是“方向性”的问题……要打，而且必须要打胜！！！

永远的雪星星：2008-11-11 16:26:39

二次开发是“油田开发史上的一场革命”，博主辛苦了！请注意身体！多休息，身体是所有的基础！

新浪网友：2008-11-13 15:29:38

外行看热闹，内行看门道。二次开发的关键问题是成本收支和技术手段，这两个问题得不到解决，扯再多也没用！！

新浪网友：2008-11-15 14:52:20

中国石油老油田二次开发是一项全新的事业。支持博主！

小周：2008-11-11 18:42:32

（好的）制度＋（好的）技术＝生产力＝社会进步

中国石油是好样的，我对她有着强烈的认同感！历史和实践证明，中国石油出效益、出精神、出才杰！“二次开发”就是科学发展观的最具体的表现！！！

唐诗一样的雪花：2008-11-11 19:50:44

恭喜！您这篇博文在圈子“东方文明之光博客圈”由“唐诗一样的雪花”加为精华博。

油之春：2008-11-17 20:16:46

强烈支持上上一楼的意见。现在虽然博客是一种交流、传播的平台，但其影响力还不及书刊，况且在一些人的观念中博客仅仅是个娱乐休闲之所。博主即使可以不在意自己为此文所付出的心血，也要考虑便于他人尤其是年青人学习。肯请博主将此文发表于正式期刊。

小周：2008-11-13 08:27:05

二次开发与新能源开发同样是企业发展的必然，这一关要过，这一役要赢！！！

小周：2008-11-13 08:50:07

什么是效率？答案就是下面这句——“法国拉克气田天然气采收率已经达到95%以上，而且他们扬言‘要逮住储层每一个碳烃分子’”。

小周：2008-11-13 08:55:28

就是要通过技术进步实现对油气资源以前只能探而采不出的问题的解决；就是要通过二次开发达到一个油气田再次进行经济、规模开发的目的，这是我们终究要走的道路。

小周：2008-11-13 08:58:18

石油人到什么时候都是好样的！

岳永琴叶子：2009-01-28 12:41:19

SAGD和蒸汽驱技术对辽河油田具有划时代的意义。

小周：2008-11-13 09:00:19

态度决定一切！责任胜于能力！——“二次开发将解决油田开发工作中的“喜新厌旧”问题。”！！！

新浪网友：2008-11-18 09:21:22

爱因斯坦的一句名言，不要拿起木板在最薄的地方打许多孔，这样没有用处，要在需要的地方打孔，不管是厚是薄！

油之春：2008-11-12 01:32:48

二次开发不同于二次采油。二次采油是指当依靠天然能量采油已不经济或无法保持一定的采油速度时，由人工向油藏中注水或注气补充能量以增加采油量的一种采油方式。

二次采油与二次开发的区别体现在：

①二次采油的对象是一次采油后的油田。在我国，仅依靠天然能量开采的油田，采出程度一般在10%以下，此时油田地质认识已相对完整、剩余油分布相对连片，属于开发的早期或早中期，如同一个二十岁的青年，而二次开发的对象是处于开发晚期、一般已经过几轮次开发调整的老油田，油水关系几经调整变得错综复杂，剩余油整体高度分散，开发难度很大，如同一个四五十岁的中老年人；

②二次采油的地质研究相对简单，一般是根据原始地震资料、探井和第一批利用天然能量开采的生产井的测井、试油、动态资料开展地质研究，资料较少，认识深度要求低，而二次开发则要求充分利用新三维地震、探井、测井、取心井等地质资料，再结合生产动态和生产监测资料进行多信息、多学科综合研究，认识储层沉积微相甚至单砂体的内部建筑结构，资料多，认识深度要求多；

③二次采油的开发方式是相对简单的注水或注气，由于剩余油仍然连片分布，只要部署一批新井控制住含油层系，在其后相当长的一段时间内一般能取得较好的开发效果，而二次开发油田的剩余油分布复杂，必须综合运用多种资料重新认识油田地质状况和剩余油分布情况，在充分利用老井的基础上部署高效调整井、水平井、多分支井等，通过注水、注气（氮气、水蒸气、二氧化碳等）、注化学剂等方式进一步提高油田采收率；

④二次采油没有强调地面工艺流程的重组和优化简化，而二次开发则把地面工艺流程的重组作为重要内容，其目的减少投资、降低成本和简化流程便于管理。

塞外高原：2008-11-12 08:50:56

读朋友的文章，总能感受到信心和智慧的力量，欣赏你的人格魅力！

新浪网友：2008-11-12 09:37:23

多给人民做好事，就会受到拥戴。

新浪网友：2008-11-12 09:37:58

非常欣赏，了解的很全面，支持。

lenovo：2008-11-12 10:55:57

居人的博客已经被列为对学习石油知识的一种途径了。谢谢。

小周：2008-11-13 09:16:19

极欣赏！也感到一种振奋！

新浪网友：2008-11-14 11:49:16

我觉得文章的论点、论据、理论基础、技术路线、矿场试验、存在问题、发展潜力讲的都还是比较透彻的，总结的也比较完善，但是，为什么二次开发这项工作推广及实施起来存在难度呢？我觉得可能就是目前还缺乏实实在在的可操作的手段。

辽河的经验证明二次开发在辽河的这块土地上确实能够结出硕果，其根本是在进一步提高采收率上有革命性的技术——水平井、蒸气驱、SAGD，但是常规的砂岩油田，长久以来就在开展六分四清，细分注水，不断的细化注水单元，大庆甚至要细化到沉积单元上去，尽管工艺上可能还难以实现，采出上甚至采取分层采油，不断优化注水结构、产液结构，这些做法实施下来，想开展老油田二次开发，想进一步提高采收率，难度是可想而知的，开展的难度也是非常大的，说句泄气的话，如果技术上没有革命性的措施，老油田二次开发也基本上止于纸上谈兵。

我觉得眼下二次开发工作想打开一些局面，管理层应该拿出一部分专项费用，不带产量、产能及其他考核指标，认真选准一块，依托技术进步，扎扎实实做下去，看看老油田二次开发究竟有没有市场，能不能立住脚。没有钱是办不成事的，若还按现行的体制做下去，二次开发基本会被边缘化的。

尤其是目前国际、国内严峻的经济形势，上游业务应对风险可能也会采取措施，在这样的大背景下，确实应该考虑二次开发要实实在在做点什么事了！

新浪网友：2008-11-15 17:38:51

“它的成功将是一个‘改变游戏规则’的‘全新’局面。这一千秋事业也将是上游开发业务发展的永恒主题和难题。”这段话精彩。

油之春：2008-11-15 21:33:53

千磨万击还坚劲，任尔东西南北风。

新浪网友：2008-11-15 22:05:27

“二次开发”是一项重大命题，将引发油田开发过程发生重大变化。中国石油70%的原油产量，来自开发20年以上的老油田，老油田对保持原油产量箭头朝上起着关键作用。如何看待中国已开发多年的老油田，历来争议不断。油田开发前期采出的都是较为容易开采的部分，而留在地下的资源开采难度会越来越大，可统称为“剩余难采资源”，大约占总储量的80%左右，虽然油田开发的资源潜力很大，但油田日益老化，低渗透、低丰度、低产、高含水等使开发工作困难重重。

煤层气之家：2008-11-15 23:09:26

博主呕心沥血写出了大作，吾辈需要慢慢消化。容我慢慢学习。

新浪网友：2008-11-16 12:13:52

这将解放中国不堪重负的煤矿企业和铁路系统，使中国水电站恢复蓄水，避免今年冬季更为严重的电力短缺。如果冶炼业2009年上半年的产能持续低迷(似乎很有可能)，同时还会减少中国明年春天对燃油及柴油进口的需求。

新浪网友：2008-11-16 12:23:14

二次开发再造了一个新辽河!

常心宽：2008-11-16 19:13:38

又是一个新的创举！支持居人！看望并问候？祝好！

煤层气浪子：2008-11-17 15:02:51

足见博主对中国石油发展之远见卓识，若能如愿，技术能不进步？稳健发展不成问题。博主名应改为东方巨人。一个流浪汉不是斗胆在此班门弄斧，更是学习风格与洞察力。

新浪网友：2008-11-17 21:12:22

大作让油田开发管理者开眼界、长见识。首长您辛苦了！

新浪网友：2008-11-18 09:03:46

好消息，等到原油每桶一千美元的时候，我国所有的老油田都可以开发了。到那时候什么二次开发，三次开发都可以了。我们还可以到月球、火星上去找大油田！！

新浪网友：2008-11-18 09:07:48

我们总是忘记常识。总是在问题面前碰得头破血流的时候，才回到常识，才恍然大悟常识是深刻的。恰恰是深刻的东西，知道的太久了，就会麻木，就会忘却。

乐乐：2008-11-19 14:19:37

也许十年后中国人才能真正了解到二次开发的重要性和必要性。永远支持您！

雪山独梅：2008-11-19 14:35:40

如果整个中国石油的二次开发战略得以实施，那将带给中国石油行业一个巨大的惊喜。

测井之家：2008-11-22 13:02:14

二次开发是一次革命，博主倾注巨大精力系统阐述二次开发理论和实践，实在令人钦佩！！！吾辈当认真学习、领会。